U0352587

高水平地方应用型大学建设系列教材

材料物理性能测定及分析实验

赵玉增　任　平　张俊喜　编著

北　京

冶 金 工 业 出 版 社

2022

内 容 提 要

本书主要介绍了有关无机材料和高分子材料物理性能相关参数的测试方法，选择这些方法的主要依据是其原理简单、便于操作，且对其他材料的物理性能分析测定也具有一定的参考价值。全书共分为 7 章，涵盖了材料基本物理性能、力学性能、热性能、电性能、光学性能、磁性能以及其他材料性能等参数的测定方法。

本书可作为高等院校材料学及相关专业的教学用书，也可供从事材料研究的科技工作者参考。

图书在版编目 (CIP) 数据

材料物理性能测定及分析实验/赵玉增，任平，张俊喜编著. —北京：冶金工业出版社，2022.5

高水平地方应用型大学建设系列教材

ISBN 978-7-5024-9096-6

Ⅰ.①材… Ⅱ.①赵… ②任… ③张… Ⅲ.①工程材料—物理性能—性能分析—实验—高等学校—教材 Ⅳ.①TB303-33

中国版本图书馆 CIP 数据核字（2022）第 046594 号

材料物理性能测定及分析实验

出版发行	冶金工业出版社	电　话	(010)64027926
地　址	北京市东城区嵩祝院北巷 39 号	邮　编	100009
网　址	www.mip1953.com	电子信箱	service@ mip1953.com

责任编辑　王　颖　程志宏　美术编辑　彭子赫　版式设计　郑小利
责任校对　梅雨晴　责任印制　李玉山
三河市双峰印刷装订有限公司印刷
2022 年 5 月第 1 版，2022 年 5 月第 1 次印刷
710mm×1000mm　1/16；9.25 印张；179 千字；129 页
定价 **33.00 元**

投稿电话　**(010)64027932**　投稿信箱　**tougao@cnmip.com.cn**
营销中心电话　**(010)64044283**
冶金工业出版社天猫旗舰店　**yjgycbs.tmall.com**
（本书如有印装质量问题，本社营销中心负责退换）

《高水平地方应用型大学建设系列教材》序

应用型大学教育是高等教育结构中的重要组成部分。高水平地方应用型高校在培养复合型人才、服务地方经济发展以及为现代产业体系提供高素质应用型人才方面越来越显现出不可替代的作用。2019 年，上海电力大学获批上海市首个高水平地方应用型高校建设试点单位，为学校以能源电力为特色，着力发展清洁安全发电、智能电网和智慧能源管理三大学科，打造专业品牌，增强科研层级，提升专业水平和服务能力提出了更高的要求和发展的动力。清洁安全发电学科汇聚化学工程与工艺、材料科学与工程、材料化学、环境工程、应用化学、新能源科学与工程、能源与动力工程等专业，力求培养出具有创新意识、创新性思维和创新能力的高水平应用型建设者，为煤清洁燃烧和高效利用、水质安全与控制、环境保护、设备安全、新能源开发、储能系统、分布式能源系统等产业，输出合格应用型优秀人才，支撑国家和地方先进电力事业的发展。

教材建设是搞好应用型特色高校建设非常重要的方面。以往应用型大学的本科教学主要使用普通高等教育教学用书，实践证明并不适应在应用型高校教学使用。由于密切结合行业特色及新的生产工艺以及与先进教学实验设备相适应且实践性强的教材稀缺，迫切需要教材改革和创新。编写应用性和实践性强及有行业特色教材，是提高应用型人才培养质量的重要保障。国外一些教育发达国家的基础课教材涉及内容广、应用性强，确实值得我国应用型高校教材编写出版借鉴和参考。

为此，上海电力大学和冶金工业出版社合作共同组织了高水平地方应用型大学建设系列教材的编写，包括课程设计、实践与实习指导、实验指导等各类型的教学用书，首批出版教材 18 种。教材的编写将遵循应用型高校教学特色、学以致用、实践教学的原则，既保证教学内容的完整性、基础性，又强调其应用性，突出产教融合，将教学和学生专业知识和素质能力提升相结合。

本系列教材的出版发行，对于我校高水平地方应用型大学的建设、高素质应用型人才培养具有十分重要的现实意义，也将为教育综合改革提供示范素材。

上海电力大学校长　李和兴

2020 年 4 月

前　　言

本书按照"材料化学"专业课程的教学内容要求，结合编者的教学经验以及参考国内外相关文献资料编写而成。本书内容涉及无机材料和高分子材料的物理性能测试及分析方法，全书包括材料基本物理性能的测定、材料力学性能的测定、材料热性能的测定、材料电性能的测定、材料光性能的测定、材料磁性能的测定以及其他材料性能测定七部分。

本书的编写是多年来从事材料和化学专业教学工作的老师们共同努力的结果。参加本书编写的有赵玉增、任平、张俊喜，同时，在本书的编写过程中，商洪涛也参与了部分文稿审定工作，研究生赵云霄、张雨露、常楠鑫对文字的录入和图表制作付出了辛苦劳动。全书由赵玉增统稿。

在本书编写过程中，编者参考了国内各兄弟院校的材料物性测定与分析实验相关教材和相关的著作、论文等各类文献资料，在此，对相关作者表示衷心的感谢。

本书由上海电力大学环境与化学工程学院学科建设专项经费资助出版。

由于编者水平所限，书中难免有疏漏和不妥之处，敬请广大读者批评指正。

编　者
2021 年 7 月

目　　录

1　材料基本物理性能的测定 ……………………………………………………… 1

1.1　材料密度的测定 …………………………………………………………… 1

1.1.1　实验目的 ……………………………………………………………… 1

1.1.2　实验原理 ……………………………………………………………… 1

1.1.3　实验仪器与样品 ……………………………………………………… 3

1.1.4　实验步骤 ……………………………………………………………… 4

1.1.5　实验数据处理及结果 ………………………………………………… 4

1.1.6　思考题 ………………………………………………………………… 4

1.2　材料含水量的测定 ………………………………………………………… 4

1.2.1　实验目的 ……………………………………………………………… 4

1.2.2　实验原理 ……………………………………………………………… 4

1.2.3　实验仪器 ……………………………………………………………… 5

1.2.4　实验步骤 ……………………………………………………………… 5

1.2.5　实验数据处理 ………………………………………………………… 5

1.2.6　思考题 ………………………………………………………………… 6

1.3　水凝胶材料溶胀性能的测定 ……………………………………………… 6

1.3.1　实验目的 ……………………………………………………………… 6

1.3.2　实验原理 ……………………………………………………………… 6

1.3.3　实验仪器及药品 ……………………………………………………… 7

1.3.4　实验步骤 ……………………………………………………………… 7

1.3.5　实验数据处理及结果 ………………………………………………… 7

1.3.6　思考题 ………………………………………………………………… 7

1.4　凝胶色谱法测定聚合物相对分子质量 …………………………………… 7

1.4.1　实验目的 ……………………………………………………………… 7

1.4.2　实验原理 ……………………………………………………………… 7

1.4.3　实验仪器与试剂 ……………………………………………………… 8

1.4.4　实验步骤 ……………………………………………………………… 8

1.4.5　实验结果 ……………………………………………………………… 9

1.4.6　思考题 ……………………………………………………………… 9
1.5　黏均相对分子质量的测定 …………………………………………… 9
1.5.1　实验目的 …………………………………………………………… 9
1.5.2　实验原理 …………………………………………………………… 9
1.5.3　实验仪器 …………………………………………………………… 11
1.5.4　实验步骤 …………………………………………………………… 11
1.5.5　实验数据记录 ……………………………………………………… 13
1.5.6　思考题 ……………………………………………………………… 13
1.6　气体吸附（氮气吸附法）比表面积测定 …………………………… 13
1.6.1　实验目的 …………………………………………………………… 13
1.6.2　实验原理 …………………………………………………………… 13
1.6.3　实验仪器与药品 …………………………………………………… 16
1.6.4　实验步骤 …………………………………………………………… 16
1.6.5　数据处理 …………………………………………………………… 17
1.6.6　思考题 ……………………………………………………………… 17
1.7　溶液吸附法测定硅胶的比表面积 …………………………………… 17
1.7.1　实验目的 …………………………………………………………… 17
1.7.2　实验原理 …………………………………………………………… 17
1.7.3　实验仪器和药剂 …………………………………………………… 18
1.7.4　实验过程 …………………………………………………………… 18
1.7.5　数据处理 …………………………………………………………… 18
1.7.6　思考题 ……………………………………………………………… 19
1.8　X射线衍射法测定晶胞常数 ………………………………………… 19
1.8.1　实验目的 …………………………………………………………… 19
1.8.2　实验原理 …………………………………………………………… 19
1.8.3　晶胞大小的测定 …………………………………………………… 20
1.8.4　实验仪器与试剂 …………………………………………………… 23
1.8.5　操作步骤 …………………………………………………………… 23
1.8.6　实验结果和讨论 …………………………………………………… 23
1.8.7　注意事项 …………………………………………………………… 24
1.8.8　思考题 ……………………………………………………………… 24
1.9　重力沉降法测定沉淀碳酸钙的粒径 ………………………………… 24
1.9.1　实验目的 …………………………………………………………… 24
1.9.2　实验原理 …………………………………………………………… 24
1.9.3　实验仪器及药品 …………………………………………………… 25

1.9.4 实验步骤 ……………………………………………………… 25

1.9.5 实验数据及讨论 ………………………………………………… 27

1.9.6 思考题 …………………………………………………………… 27

1.10 激光粒度分析实验 ………………………………………………… 27

1.10.1 实验目的 ………………………………………………………… 27

1.10.2 实验原理 ………………………………………………………… 27

1.10.3 实验试剂及仪器 ………………………………………………… 29

1.10.4 实验步骤 ………………………………………………………… 29

1.10.5 实验注意事项 …………………………………………………… 29

1.10.6 思考题 …………………………………………………………… 30

1.11 材料表面接触角的测定 …………………………………………… 30

1.11.1 实验目的 ………………………………………………………… 30

1.11.2 实验原理 ………………………………………………………… 30

1.11.3 实验试剂及仪器 ………………………………………………… 32

1.11.4 实验步骤 ………………………………………………………… 33

1.11.5 实验数据记录与处理 …………………………………………… 33

1.11.6 实验注意事项 …………………………………………………… 34

1.11.7 思考题 …………………………………………………………… 34

2 材料的力学性能测定 ……………………………………………… 35

2.1 材料的硬度实验 …………………………………………………… 35

2.1.1 实验目的 ………………………………………………………… 35

2.1.2 实验原理 ………………………………………………………… 35

2.1.3 实验设备和材料 ………………………………………………… 37

2.1.4 实验方法与步骤 ………………………………………………… 37

2.1.5 数据记录和处理 ………………………………………………… 38

2.1.6 思考题 …………………………………………………………… 39

2.2 材料的静拉伸实验 ………………………………………………… 39

2.2.1 实验目的 ………………………………………………………… 39

2.2.2 实验原理 ………………………………………………………… 39

2.2.3 实验设备和材料 ………………………………………………… 41

2.2.4 实验方法与步骤 ………………………………………………… 41

2.2.5 数据记录和处理 ………………………………………………… 42

2.2.6 思考题 …………………………………………………………… 42

2.3 胶黏剂拉伸剪切强度的测定方法 ………………………………… 42

2.3.1　实验目的 ……………………………………………………… 42

2.3.2　实验原理 ……………………………………………………… 42

2.3.3　试样制备 ……………………………………………………… 43

2.3.4　实验条件 ……………………………………………………… 43

2.3.5　实验步骤 ……………………………………………………… 44

2.3.6　实验数据及结果分析 ………………………………………… 44

2.3.7　思考题 ………………………………………………………… 44

2.4　材料的弯曲实验 …………………………………………………… 44

2.4.1　实验目的 ……………………………………………………… 44

2.4.2　实验原理 ……………………………………………………… 44

2.4.3　实验设备和材料 ……………………………………………… 46

2.4.4　实验方法与步骤 ……………………………………………… 46

2.4.5　数据记录和处理 ……………………………………………… 47

2.4.6　思考题 ………………………………………………………… 47

2.5　材料的冲击实验 …………………………………………………… 47

2.5.1　实验目的 ……………………………………………………… 47

2.5.2　实验原理 ……………………………………………………… 47

2.5.3　实验设备和材料 ……………………………………………… 48

2.5.4　实验方法与步骤 ……………………………………………… 48

2.5.5　数据记录和处理 ……………………………………………… 48

2.5.6　思考题 ………………………………………………………… 49

2.6　水泥胶砂抗折、抗压强度测试 …………………………………… 49

2.6.1　实验目的 ……………………………………………………… 49

2.6.2　实验原理 ……………………………………………………… 49

2.6.3　实验器材 ……………………………………………………… 51

2.6.4　实验步骤 ……………………………………………………… 52

2.6.5　思考题 ………………………………………………………… 54

3　材料的热性能测定 …………………………………………………… 55

3.1　材料热分析 ………………………………………………………… 55

3.1.1　实验目的 ……………………………………………………… 55

3.1.2　实验原理 ……………………………………………………… 55

3.1.3　仪器装置 ……………………………………………………… 57

3.1.4　实验步骤 ……………………………………………………… 57

3.1.5　数据处理 ……………………………………………………… 57

3.1.6　思考题 ……………………………………………… 57

3.2　聚甲基丙烯酸甲酯温度形变曲线的测定 ………………… 58

3.2.1　实验目的 ……………………………………………… 58

3.2.2　实验原理 ……………………………………………… 58

3.2.3　实验仪器 ……………………………………………… 58

3.2.4　实验步骤 ……………………………………………… 58

3.2.5　数据处理 ……………………………………………… 59

3.2.6　思考题 ………………………………………………… 59

3.3　视差法测定材料线膨胀系数 ……………………………… 59

3.3.1　实验目的 ……………………………………………… 59

3.3.2　实验原理 ……………………………………………… 59

3.3.3　实验步骤 ……………………………………………… 60

3.3.4　实验数据 ……………………………………………… 61

3.3.5　思考题 ………………………………………………… 61

3.4　基于稳态法原理的热导系数测定 ………………………… 61

3.4.1　实验目的 ……………………………………………… 62

3.4.2　实验原理 ……………………………………………… 62

3.4.3　实验器材 ……………………………………………… 63

3.4.4　实验步骤 ……………………………………………… 63

3.4.5　思考题 ………………………………………………… 64

3.5　基于动态法原理的热导系数测定 ………………………… 65

3.5.1　实验目的 ……………………………………………… 65

3.5.2　实验原理 ……………………………………………… 65

3.5.3　实验设备及材料 ……………………………………… 65

3.5.4　实验步骤 ……………………………………………… 66

3.5.5　测量结果的计算 ……………………………………… 66

3.5.6　思考题 ………………………………………………… 67

3.6　树脂基复合材料热变形温度及维卡软化点的测定 ……… 67

3.6.1　实验目的 ……………………………………………… 67

3.6.2　实验原理 ……………………………………………… 68

3.6.3　实验仪器及试样 ……………………………………… 68

3.6.4　实验步骤 ……………………………………………… 70

3.6.5　实验数据 ……………………………………………… 71

3.6.6　思考题 ………………………………………………… 71

4　材料的电性能测定 ··· 72

　4.1　材料的电阻率测定 ·· 72

　　4.1.1　实验目的 ·· 72

　　4.1.2　实验原理 ·· 72

　　4.1.3　实验器材 ·· 80

　　4.1.4　实验步骤 ·· 80

　　4.1.5　数据记录与处理 ·· 81

　　4.1.6　思考题 ·· 81

　4.2　碳纤维复合材料和硅片的导电性测定 ································· 82

　　4.2.1　实验目的 ·· 82

　　4.2.2　实验内容 ·· 82

　　4.2.3　实验原理 ·· 82

　　4.2.4　实验步骤 ·· 85

　　4.2.5　实验数据 ·· 85

　　4.2.6　思考题 ·· 86

　4.3　材料介电性能的测定 ·· 86

　　4.3.1　实验目的 ·· 86

　　4.3.2　实验原理 ·· 86

　　4.3.3　实验器材 ·· 88

　　4.3.4　测试步骤 ·· 88

　　4.3.5　结果处理 ·· 88

　　4.3.6　思考题 ·· 89

5　材料的光学性能测定 ··· 90

　5.1　材料透光性的测定 ·· 90

　　5.1.1　实验目的 ·· 90

　　5.1.2　实验原理 ·· 90

　　5.1.3　实验器材 ·· 92

　　5.1.4　实验步骤 ·· 92

　　5.1.5　测定结果处理 ·· 93

　　5.1.6　思考题 ·· 93

　5.2　薄膜固体材料折射率的测定 ··· 93

　　5.2.1　实验目的 ·· 93

　　5.2.2　实验原理 ·· 93

5.2.3 实验仪器和材料 ……………………………… 94

5.2.4 固体材料折射率的测定 ……………………… 94

5.2.5 实验数据记录 ………………………………… 95

5.2.6 思考题 ………………………………………… 95

5.3 太阳电池光电能量转换效率的测定 ……………… 95

5.3.1 实验目的 ……………………………………… 95

5.3.2 实验原理 ……………………………………… 95

5.3.3 仪器装置和样品 ……………………………… 97

5.3.4 实验步骤 ……………………………………… 97

5.3.5 结果处理 ……………………………………… 97

5.3.6 思考题 ………………………………………… 98

5.4 材料荧光性能测定 ………………………………… 98

5.4.1 实验目的 ……………………………………… 98

5.4.2 实验原理 ……………………………………… 98

5.4.3 实验仪器和药品 ……………………………… 99

5.4.4 实验步骤 ……………………………………… 99

5.4.5 结果分析 ……………………………………… 99

5.4.6 思考题 ………………………………………… 99

6 材料的磁性能测定 …………………………………… 100

6.1 居里点温度测定 …………………………………… 100

6.1.1 实验目的 ……………………………………… 100

6.1.2 实验原理 ……………………………………… 100

6.1.3 实验器材 ……………………………………… 102

6.1.4 实验步骤 ……………………………………… 102

6.1.5 思考题 ………………………………………… 104

6.2 铁磁材料的磁性分析测试 ………………………… 105

6.2.1 实验目的 ……………………………………… 105

6.2.2 实验原理 ……………………………………… 105

6.2.3 实验仪器和实验材料 ………………………… 107

6.2.4 实验步骤 ……………………………………… 107

6.2.5 实验结果处理 ………………………………… 108

6.2.6 思考题 ………………………………………… 108

6.3 基于冲击法测量铁氧体材料磁滞回线 …………… 109

6.3.1 实验目的 ……………………………………… 109

6.3.2　实验原理 …………………………………………… 109
6.3.3　实验器材 …………………………………………… 114
6.3.4　实验步骤 …………………………………………… 114
6.3.5　思考题 ……………………………………………… 115
6.4　软磁材料磁化曲线的测定 ……………………………… 115
6.4.1　实验目的 …………………………………………… 115
6.4.2　实验原理 …………………………………………… 115
6.4.3　实验器材 …………………………………………… 118
6.4.4　实验步骤 …………………………………………… 118
6.4.5　结果分析 …………………………………………… 119
6.4.6　思考题 ……………………………………………… 119

7　其他材料性能测定 ………………………………………… 120
7.1　材料的摩擦和磨损实验 ………………………………… 120
7.1.1　实验目的 …………………………………………… 120
7.1.2　实验原理 …………………………………………… 120
7.1.3　实验设备和材料 …………………………………… 120
7.1.4　实验方法与步骤 …………………………………… 121
7.1.5　数据记录和处理 …………………………………… 122
7.1.6　思考题 ……………………………………………… 122
7.2　材料表面覆盖层（涂镀层）厚度的测定 ……………… 122
7.2.1　实验目的 …………………………………………… 122
7.2.2　实验原理 …………………………………………… 122
7.2.3　实验步骤 …………………………………………… 123
7.2.4　实验结果分析 ……………………………………… 124
7.2.5　实验注意事项 ……………………………………… 124
7.2.6　思考题 ……………………………………………… 124
7.3　塑料燃烧氧指数的测定 ………………………………… 124
7.3.1　实验目的 …………………………………………… 124
7.3.2　实验原理 …………………………………………… 124
7.3.3　实验试样及仪器 …………………………………… 125
7.3.4　实验步骤 …………………………………………… 126
7.3.5　实验相关处理 ……………………………………… 127
7.3.6　实验注意事项 ……………………………………… 128
7.3.7　思考题 ……………………………………………… 128

参考文献 ……………………………………………………… 129

1 材料基本物理性能的测定

1.1 材料密度的测定

1.1.1 实验目的

理解密度的基本概念；掌握材料密度的常见测定方法。

1.1.2 实验原理

物质的密度的定义为单位体积物质的质量。若物体的质量为 m，体积为 V，则该物质的密度为 $\rho = m/V$。按国际单位制，密度的单位为千克每立方米，记为 kg/m^3，常用的还有克每立方厘米，记为 g/cm^3。

密度是物质致密程度的度量，与材料的成分、制备工艺、热历史等都有密切的关系。在材料的生产检验和研究中，密度是一个重要的物理量，某些产品生产中的密度数据可反映生产工艺和成品的质量。

1.1.2.1 浮力法

根据密度的定义，只要测得试样的质量和体积，便可方便地求得材料的密度。试样的质量可以用天平称量。试样的体积可以通过测量几何尺寸计算，但形状不规则的试样无法直接测量，试样体积的测量通常借助阿基米德原理，用流体静力学法测定。

根据物理学中的阿基米德原理，试样在液体中所受的浮力等于它所排开液体的重量，如果已知液体的密度，就可以根据它所受的浮力，计算出试样浸没部分的体积。

假定试样在空气中测得的质量为 m，完全浸没在液体中测得的质量为 m'，则试样受液体的浮力为 $mg - m'g$，g 为当地的重力加速度。据阿基米德原理：

$$(m - m')g = V\rho_0 g$$

式中　　V——试样的体积，浸没时排开液体的体积；

ρ_0——液体的密度（标准状态下）。

所以，$V = (m - m')/\rho_0$

试样的密度为

$$\rho = m/V = m\rho_0/(m - m')$$

m 和 m' 都可用一定精度的天平称量，ρ_0 可查阅标准数据表，也可以用比重计等进行测量。

此方法需要注意：

（1）电子天平使用前检查天平放置是否水平，应该进行校准。

（2）试样形状可以不规则，但表面不应该有明显的缝隙、孔洞以及易于脱落部分等。

（3）使用图 1-1 所示吊具时，吊丝应该尽量细，浸没于溶液中的部分尽量短。试样悬挂支架 7 放置在天平称量托盘 3 上不与烧杯支架 2 接触；烧杯支架 2 放置在天平底座 1 之上不与天平称量托盘 3 接触。

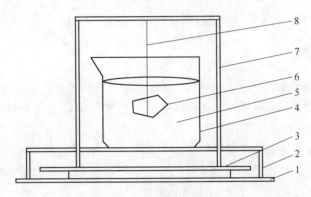

图 1-1　浮力法测定密度示意图

1—天平底座；2—烧杯支架；3—天平称量托盘；4—烧杯；5—已知密度液体；
6—待测试样；7—试样悬挂支架；8—悬挂试样的细吊丝

（4）试样表面的气泡需要排除。

（5）液体介质黏度低，不能溶解试样或与试样发生反应，但可以浸润试样。一般常用纯水。

1.1.2.2　比重瓶法

测量细小试样密度常用比重瓶法。普通比重瓶如图 1-2 所示，一般用玻璃或石英制成，磨口瓶塞中有毛细管，上面刻有容积标记线。

用比重瓶法测量密度按下列步骤进行：

（1）将比重瓶清洗烘干，称出空瓶质量 m_0。

（2）往比重瓶内注入工作液体，至毛细管的容积标记线。天平称出含液体时比重瓶质量 m_1，则比重瓶的容积按下式确定：

$$V_0 = (m_1 - m_0)/\rho_0$$

式中　ρ_0——工作液体的密度。

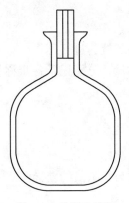

图 1-2　普通比重瓶

（3）倒出工作液体，烘干比重瓶，装入试样（到容积的 1/2~2/3），称出含试样时比重瓶质量 m_2，则试样质量为

$$m = m_2 - m_0$$

（4）往含试样的比重瓶内注入工作液体，充满其余空间，经排气处理后，液面应与原容积标记线相符。称出含试样和工作液体时比重瓶质量 m_3，则此时工作液体的体积按下式确定：

$$V_1 = (m_3 - m_2)/\rho_0$$

（5）计算试样的密度：

试样体积

$$V = V_1 - V_0 = (m_1 - m_0)/\rho_0 - (m_3 - m_2)/\rho_0 = (m_1 + m_2 - m_0 - m_3)/\rho_0$$

试样密度

$$\rho = m/V = \rho_0(m_2 - m_0)/(m_1 + m_2 - m_0 - m_3)$$

比重瓶法的技术关键在于称量 m_3 时瓶内气体的排除，由于试样细小，试样之间将有很多微小间隙，如果不采取有效的排除气体措施，就可能使工作液体无法占据除试样外的全部空间，从而导致试样体积测定值偏大而密度偏低。

1.1.3　实验仪器与样品

（1）电子天平、温度计；

（2）烧杯、细吊丝、烧杯支架、吊丝支架；

（3）比重瓶；

（4）纯水；

（5）金属试样/工程塑料试样块；

（6）吸水纸。

1.1.4　实验步骤

（1）按照浮力法搭制实验装置，进行称量，记录各步称量数值；
（2）按照比重瓶法进行称量，分别记录各步称量数值；
（3）测量并记录测试时纯水温度。

1.1.5　实验数据处理及结果

（1）计算试样密度；
（2）比较测定试样的密度与文献值的差异。

1.1.6　思考题

（1）若待测样品为多孔性物质，测定其密度时应该注意什么？以上两种方法测定结果是否相同？
（2）若待测样品密度小于纯水时，以上方法是否仍可以测定样品的密度？这时该如何测定？

1.2　材料含水量的测定

1.2.1　实验目的

掌握材料中水分的测定方法；了解离子交换树脂的吸水性能。

1.2.2　实验原理

水分含量一直是一个非常重要的工艺参数。水分测试以烘干称量法为主，例如烘箱法、蒸馏法、光谱法、电化学法等。

1.2.2.1　加热干燥法

材料由于所含的水分可以在较高的温度下挥发出来而被烘干，准确称量材料在烘干前后的质量可以测定材料的含水量。

1.2.2.2　微波水分测定仪法

微波是一种高频电磁波，微波透射介质时产生的衰减、相位改变主要由介质的介电常数、介质损耗角正切值决定。水是一种极性分子，水的介电常数和介质损耗角正切值都远高于一般介质。通常情况，含水介质的介电常数和损耗角正切值的大小主要由它的水分含量决定。水分子吸收的微波能量和水分子含量保持着线性关系，不同的电磁频段在不同的含水率和介质间其特性都不同，通过同时发射多段不同频率的频谱，再根据此建立的数学模型和特殊算法就能够准确计算被测介质的水分含量。微波从微波水分测定仪的微波发射源发射出来，透过材料样品后被微波接收器接收。根据微波功率的衰减和相位移的改变，即可计算材料样品中的水分含量。由于微波完全穿透被测材料样品，所以所有的物理性水分都能被测定。这不仅适用于表面的水分，而且也适于内部的水分。微波水分测定仪能够快速准确地实现水分含量的快速测试，不用烘干、不用任何试剂，快速准确，同时能在现场进行测试，并且保证了测量准确性和精度，材料样品的颜色和表面结构不会影响测量结果。

1.2.3　实验仪器

离心机、离心过滤管、鼓风干燥箱、干燥器、称量瓶、电子天平或微波水分测定仪。

1.2.4　实验步骤

1.2.4.1　离心干燥法测定离子交换树脂吸水量

（1）选取已达吸水平衡的离子交换树脂样品，放入离心过滤管；

（2）将此盛有样品的离心过滤管与另一个用水调节为相同质量的离心过滤管（配重用）相对放置在离心机中；

（3）以 2000r/min 转速离心 5min；

（4）取出离心过滤管，将离子交换树脂转移到称量瓶中，在电子天平上称重；

（5）然后将称量瓶放置于恒温干燥箱中 105℃进行干燥 2h；

（6）盖严称量瓶后从烘箱取出快速放入干燥器中，冷却到室温，用分析天平称量。

1.2.4.2　微波水分测定仪法测样品含水量

（1）选取已达吸水平衡的离子交换树脂样品，用电子天平称量后平铺在样品支架上；

（2）将样品支架放入微波水分测定仪；

（3）设置测量参数后进行水分测定，记录仪器显示的数据；

（4）完成测试后，清理仪器。

1.2.5　实验数据处理

（1）离心干燥法测定离子交换树脂吸水量。

由下式计算离子交换树脂的含水量：

$$X = \left[(m_2 - m_3)/(m_2 - m_1) \right] \times 100\%$$

式中　m_1——空称量瓶的质量；

m_2，m_3——烘干前、后称量瓶和树脂样品的质量，g。

（2）选取不同质量的离子交换树脂进行平行测定。

1.2.6　思考题

离心干燥法的测量误差主要是什么造成的？如何减小测量误差？与微波水分测定仪测量的结果相比是偏大还是偏小？

1.3　水凝胶材料溶胀性能的测定

1.3.1　实验目的

了解水凝胶材料的平衡溶胀特性；测定水凝胶材料在水中的平衡溶胀率。

1.3.2　实验原理

溶胀是高分子聚合物在溶剂中体积发生膨胀的现象。高分子的溶解是一个相对缓慢的过程，可分为溶胀和溶解两个阶段，溶胀是指溶剂分子扩散进入高分子内部，使其体积膨胀的现象。溶胀是高分子材料特有的现象，其原因在于溶剂分子与高分子材料尺寸相差悬殊，分子运动速度相差很大，溶剂分子扩散速度较快，而高分子向溶剂中的扩散缓慢。因此，高分子溶解时首先是溶剂分子渗透进入高分子材料内部，使其体积增大，即溶胀。随着溶剂分子的不断渗入，溶胀的高分子材料体积不断增大，大分子链段运动增强，再通过链段的协调运动而达到整个大分子链的运动，大分子逐渐进入溶液中，形成热力学稳定的均相体系，即溶解阶段。

常用重量法测定水凝胶在蒸馏水中不同温度下（12~60℃）的溶胀率。测试时水凝胶样品在水中某个温度下浸泡时间至少为24h，然后迅速从水中取出，用滤纸除去表面的水后称重，得到样品的平衡溶胀质量。水凝胶的平衡溶胀率（ESR）由以下公式计算：

$$ESR = W_s/W_d$$

式中　W_s——溶胀平衡后水凝胶的质量；

$\quad\quad\ W_d$——凝胶干重。

溶胀状态水凝胶在60℃（高于最低临界溶液温度）的收缩行为通过退溶胀动力学进行测试。在一定的时间间隔，取出水凝胶立即用滤纸除去表面的水后称质量。保水率（WR）定义为

$$WR = (W_t - W_d)/W_s$$

式中　W_t——在60℃下，时间为 t 时水凝胶的湿重；

W_s——室温溶胀平衡状态下水凝胶的质量。

1.3.3 实验仪器及药品

电子天平、烧杯、镊子、滤纸、低交联聚丙烯酸凝胶。

1.3.4 实验步骤

（1）将低交联聚丙烯酸放置在恒温干燥箱中，105℃干燥至恒重；
（2）称取一定量干燥的低交联聚丙烯酰胺，放入烧杯；
（3）加入适量纯水，静置数小时；
（4）取出聚丙烯酰胺水凝胶，用滤纸吸干表面水分，用电子天平称量质量。

1.3.5 实验数据处理及结果

进行平行测定不少于3次，计算平衡溶胀率，取平均值。

1.3.6 思考题

水凝胶的平衡溶胀受到什么因素影响？

1.4 凝胶色谱法测定聚合物相对分子质量

1.4.1 实验目的

了解凝胶渗透色谱的工作原理和特点，掌握高分子材料的相对分子质量及相对分子质量分布的测定方法。

1.4.2 实验原理

凝胶渗透色谱（Gel Permeation Chromatography，GPC）又称为体积排除色谱，可以用来分析化学性质相同而分子体积不同的高分子同系物。基本原理是将高分子化合物在分离柱上按分子流体力学体积大小分离开。

被测量的高分子溶液通过一根内装不同孔径填料的色谱柱，柱中可供分子通行的路径有粒子间的间隙（较大）和粒子内的通孔（较小）。当聚合物溶液流经色谱柱时，较大的分子被排除在粒子的小孔之外，只能从粒子间的间隙通过，流出速率较快；而较小的分子可以进入粒子中的小孔，通过色谱柱的速率要慢得多。经过一定长度的色谱柱，分子根据相对分子质量不同被分开，相对分子质量大的在前面（即淋洗时间短），相对分子质量小的在后面（即淋洗时间长）。自试样进柱到被淋洗出来，所接收到的淋出液总体积称为该试样的淋出体积。当仪器和实验条件确定后，溶质的淋出体积与其相对分子质量有关，即相对分子质量越大，其淋出体积越小。

用已知相对分子质量的单分散标准聚合物预先做一条淋洗体积或淋洗时间和相对分子质量对应的关系曲线，该曲线称为"校正曲线"。聚合物中几乎找不到单分散的标准样，一般用窄分布的试样代替。在相同的测试条件下，做一系列的 GPC 标准谱图，对应不同相对分子质量样品的保留时间，以 $\lg M$ 对 t 作图，所得曲线即为"校正曲线"。通过校正曲线，就能从 GPC 谱图上计算各种所需相对分子质量与相对分子质量分布的信息。聚合物中能够制得标准样的聚合物种类并不多，没有标准样的聚合物就不可能有校正曲线，使用 GPC 方法也不可能得到聚合物的相对分子质量和相对分子质量分布。对于这种情况可以使用普适校正原理。

由于 GPC 对聚合物的分离是基于分子流体力学体积，即对于相同的分子流体力学体积，在同一个保留时间流出，即流体力学体积相同。两种柔性链的流体力学体积相同：

$$[\eta]_1 M_1 = [\eta]_2 M_2$$
$$k_1 M_1^{\alpha_1+1} = k_1 M_2^{\alpha_2+1}$$

两边取对数：$\lg k_1 + (\alpha_1 + 1)\lg M_1 = \lg k_2 + (\alpha_2 + 1)\lg M_2$

即如果已知标准样和被测高聚物的 k、α 值，就可以由已知相对分子质量的标准样品 M_1 标定待测样品的相对分子质量 M_2。

由于色谱理论、填料制备技术和仪器合理设计等领域迅速发展，高效液体色谱取代经典的液体色谱趋势是非常明显的。在经典的凝胶色谱中，填料的粒度一般用 $37\sim75\mu m$，柱径 $7.8mm$，流速通常用 $1mL/min$。在这些条件下，一次实验时间往往需要 $3h$。现在使用粒度为 $10\mu m$ 的填料可以使相对分子质量分布测定时间从 $3h$ 缩短到十几分钟，这个时间甚至比高分子在溶剂中溶解所需的时间还短。在工业上已有人用凝胶色谱图作为订购验收指定相对分子质量分布的高聚物产品。

1.4.3   实验仪器与试剂

安捷伦 1260 型凝胶色谱仪、超声波清洗器、针筒式微孔滤膜过滤装置（微孔直径 $0.22\mu m$）、色谱级纯水、PEG 标准样品、待测水溶性高分子化合物（聚丙烯酰胺等）。

1.4.4   实验步骤

（1）使用纯水溶解标准样品和待测聚丙烯酰胺样品，并用针筒式微孔滤膜过滤装置过滤溶液，将滤液放置在样品瓶中，放入自动进样器。

（2）打开色谱仪，用纯水作为流动相，设定流速 $1.0mL/min$，柱温箱、检测器温度为 $35℃$，使仪器柱压及检测器基线运行平稳。

（3）开始测定，在仪器控制软件中编辑测试方法，运行测试方法。

（4）使用标准样品建立校正曲线和进行普适校正。

（5）测定待测高分子化合物的相对分子质量及分布。

1.4.5 实验结果

分别记录数均相对分子质量（M_n）、重均相对分子质量（M_w）以及相对分子质量分布系数（D）的数值。

1.4.6 思考题

（1）如何选择测试溶剂及流动相？

（2）本方法测定的分子量是绝对分子量还是相对分子量，为什么？

1.5 黏均相对分子质量的测定

1.5.1 实验目的

掌握黏度法测定聚合物相对分子质量的实验方法；了解黏度法测定聚合物相对分子质量的实验原理及测定结果的数据处理方法。

1.5.2 实验原理

相对分子质量是表征化合物特征的基本参数之一，在高聚物的研究中，相对分子质量是一个不可缺少的重要数据。它不仅反映了高聚物分子的大小，而且直接关系到高聚物的物理性能。一般情况，高聚物分子的相对分子质量大小不一，其摩尔质量常为 $10^3 \sim 10^7 \mathrm{g/mol}$，通常所测的高聚物摩尔质量是一个统计平均值。

测定高聚物相对分子质量的方法很多，其中以黏度法最常用。因为黏度法设备简单、操作方便、适用于测定聚合物的分子量范围为 $10^4 \sim 10^7 \mathrm{g/mol}$、有相当好的精确度。

测定黏度的方法主要有：（1）毛细管法（测定液体在毛细管里的流出时间）；（2）落球法（测定圆球在液体里下落速度）；（3）旋筒法（测定液体与同心轴圆柱体相对转动的情况）等。而测定高聚物溶液的黏度以毛细管法最方便，本实验采用乌氏黏度计测量高聚物稀溶液的黏度。

但黏度法不是测定相对分子质量的绝对方法，因为在此法中所用的黏度与相对分子质量的经验公式要用其他方法来确定。因高聚物、溶剂、相对分子质量范围、温度等不同，就有不同的经验公式。

高聚物在稀溶液中的黏度是它在流动过程所存在的内摩擦的反映，这种流动过程中的内摩擦主要有：溶剂分子之间的内摩擦；高聚物分子与溶剂分子间的内摩擦；以及高聚物分子间的内摩擦。

其中溶剂分子之间的内摩擦又称为纯溶剂的黏度，以 η_0 表示；三种内摩擦的总和称为高聚物分子间的内摩擦，以 η 表示。

实践证明：在同一温度下，高聚物溶液的黏度一般要比纯溶剂的黏度大些，即有 $\eta > \eta_0$，黏度增加的分数叫增比黏度 η_{sp}：

$$\eta_{sp} = (\eta - \eta_0)/\eta_0 = \eta_r - 1$$

式中，η_r 为相对黏度，它指明溶液黏度对溶剂黏度的相对值。η_{sp} 则反映出扣除了溶剂分子间的内摩擦后，纯溶剂与高聚物分子之间，以及高聚物分子之间的内摩擦效应。

η_{sp} 随溶液浓度 C 而变化，η_{sp} 与 C 的比值 η_{sp}/C 称为比浓黏度。η_{sp}/C 仍随 C 而变化，但当 $C \to 0$，也就是溶液无限稀时，η_{sp}/C 有一极限值，即

$$\lim_{C \to 0} \frac{\eta_{sp}}{C} = [\eta]$$

式中，$[\eta]$ 为特性黏度，它主要反映无限稀溶液中高聚物分子与溶剂分子之间的内摩擦。因在无限稀溶液中，高聚物分子相距较远，它们之间的相互作用可忽略不计。

根据实验，在足够稀的溶液中有

$$\eta_{sp}/C = [\eta] + k[\eta]^2 C$$

$$\ln \eta_r / C = [\eta] - \beta[\eta]^2 C$$

将上面的公式作图，外推至 $C = 0$，即可求出 $[\eta]$。

当高聚物、溶剂、温度等确定以后，$[\eta]$ 值只与高聚物的相对分子质量 M 有关。目前常用半经验的 Mark-Houwink 方程来求得

$$[\eta] = KM^\alpha$$

式中　M——高聚物相对分子质量的平均值；

　　　K——比例常数；

　　　α——与高聚物在溶液中的形态有关的经验参数。

当液体在毛细管黏度计内因重力作用而流出时遵守泊塞勒（Poiseuille）定律：

$$\eta = \frac{\pi \rho g h r^4 t}{8 l v} - \frac{m \rho v}{8 \pi l t}$$

式中　ρ——液体的密度；

　　　l——毛细管长度；

　　　r——毛细管半径；

t——流出时间；

h——流经毛细管液体的平均液柱高度；

g——重力加速度；

v——流经毛细管的液体体积；

m——与仪器的几何形状有关的常数，$r/l \ll 1$ 时，可取 $m=1$。

对某一指定的黏度计而言，令 $\alpha = \dfrac{\pi ghr^4}{8lv}$，$\beta = \dfrac{mv}{8\pi l}$，则上式可写为

$$\frac{\eta}{\rho} = \alpha t - \frac{\beta}{t}$$

式中，$\beta < 1$，当 $t > 100\text{s}$ 时，等式右边第二项可以忽略。溶液很稀时 $\rho \approx \rho_0$。这样，通过测定溶液和溶剂的流出时间 t 和 t_0，就可求：

$$\eta_r = \frac{\eta}{\eta_0} = \frac{t}{t_0}$$

1.5.3　实验仪器

恒温槽装置一套（温度的精度要求 $\pm 0.05\,^\circ\!\text{C}$）。乌氏黏度计、细颈漏斗、10mL 针筒、10mL 刻度吸管、25mL 容量瓶、50mL 碘量瓶、广口瓶、可读出 1/10s 的秒表、吸耳球、医用胶管、黏度计夹等。

本实验采用乌氏黏度计，由奥氏黏度计改良而得。

参照图 1-3，用夹子夹紧管 C 上的乳胶管，再用洗耳球在管 B 端口把液体吸到球 C 后，放开管 B 及 C，使其连通大气，管 B 中球 C 内液体向下流动，同时在支管 C 的作用下，管 B 中毛细管下端与大气连通，管 C 中毛细管中液体成为气承悬液柱。液体流出毛细管时沿管壁流下，避免产生湍流的可能。同时在测试时，气承悬液柱上下液面间测试用液体的流动压力一致，管 B 中液体的流动压力与管 A 中液面高度无关，测定不同液体的流动时间具有较高的可比性。

奥氏黏度计没有管 C。在进行测定时，每次所取用溶液的体积必须严格相同。同时要保持黏度计竖直放置，倾斜则会引起较大误差。采用乌氏黏度计可有效减小误差。因而，可在黏度计内多次稀释，进行不同浓度的溶液黏度测定。为了使不同批次的实验结果可以进行比较，选用不同的标准黏度计时，应使溶液流出时间为 $100 \sim 130\text{s}$。

1.5.4　实验步骤

（1）把乌氏黏度计垂直放入恒温槽中并固定，恒温水浸没至黏度计的 a 线以上。取 15mL 蒸馏水，从乌氏黏度计的 A 管注入，再恒温 15min。

（2）用吸耳球在 B 管口，把溶液吸至 G 球，然后放开。

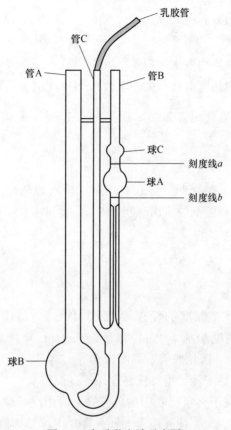

图 1-3　乌氏黏度计示意图

（3）当溶液降至 a 线时，按下秒表计时，到溶液降至 b 线时，按下秒表结束计时。

（4）重复测定 3 次，每两次的时间相差不得超过 0.5s。

（5）用移液管吸取 15mL 已配好的 0.5g/100mL 的聚乙烯醇溶液，从黏度计 A 管注入，再滴加 2 滴正丁醇，恒温 20min。

（6）用吸耳球放在 B 管口，把溶液吸至 G 球，然后放开。

（7）当溶液降至 a 线时，按下秒表计时，到溶液降至 b 线时，按下秒表结束计时。

（8）重复测定 3 次，每两次的时间相差不得超过 1s。

（9）再用移液管吸取蒸馏水 5mL 从 A 管加入，用吸耳球由 B 管口反复压吸溶液，使混合均匀，恒温 15min。

（10）重复（6）、（7）、（8）步骤。

（11）添加蒸馏水 10mL，重复（9）、（10）步骤。

1.5.5 实验数据记录

实验数据记录见表 1-1。

表 1-1 实验数据

实验日期：_____；恒温槽恒温温度：_____℃。

序号	测试液及体积			
	蒸馏水	15mL 聚乙烯醇溶液	+水 5mL	+水 10mL
	T_0	T_1	T_2	T_3
1				
2				
3				
平均值				

1.5.6 思考题

（1）与其他测定相对分子质量的方法比较，黏度法有什么优点？

（2）乌氏黏度计中支管 C 的作用是什么？

（3）使用乌氏黏度计时要注意什么问题？

1.6 气体吸附（氮气吸附法）比表面积测定

1.6.1 实验目的

理解比表面积的基本概念；掌握 BET 法测定比表面积的基本原理和方法。

1.6.2 实验原理

比表面积是指单位质量物料所具有的总面积，单位是 m^2/g。比表面积分析测试方法有多种，其中气体吸附法因其测试原理的科学性、测试过程的可靠性、测试结果的一致性，在国内外各行各业中被广泛采用，并逐渐取代了其他比表面积测试方法，成为公认的最权威比表面积测试方法。

气体吸附法测定比表面积原理，是依据气体在固体表面的吸附特性，在一定的压力下，被测样品颗粒（吸附剂）表面在超低温下对气体分子（吸附质）具有可逆物理吸附作用，并对应一定压力，存在确定的平衡吸附量。通过测定出该平衡吸附量，利用理论模型来等效求出被测样品的比表面积。由于实际颗粒外表面的不规则性，严格来讲，该方法测定的是吸附质分子所能到达的颗粒外表面和内部通孔总表面积之和，位置如图 1-4 所示。

图 1-4   可测的颗粒表面积示意图

氮气因其易获得性和良好的可逆吸附特性，成为最常用的吸附质。通过这种方法测定的比表面积称之为"等效"比表面积，所谓"等效"的概念是指：样品的比表面积是通过其表面密排包覆（吸附）的氮气分子数量和分子最大横截面积来表征。实际测定出氮气分子在样品表面平衡饱和吸附量（V），通过不同理论模型计算出单层饱和吸附量（V_m），进而得出分子个数，采用表面密排六方模型计算出氮气分子等效最大横截面积（A_m），即可求出被测样品的比表面积。计算公式如下：

$$S_g = \frac{V_m N A_m}{22400 W} \times 10^{-18}$$

式中 S_g——被测样品比表面积，m^2/g；

V_m——标准状态下氮气分子单层饱和吸附量，mL；

A_m——氮分子等效最大横截面积，密排六方理论值 $A_m = 0.162 nm^2$；

W——被测样品质量，g；

N——阿伏伽德罗常数，6.02×10^{23}。

代入上述数据，得到氮吸附法计算比表面积的基本公式：

$$S_g = 4.36 V_m / W$$

由上式可看出，准确测定样品表面单层饱和吸附量 V_m 是比表面积测定的关键。

比表面积测试方法有两种分类标准。一是根据测定样品吸附气体量多少方法的不同，可分为连续流动法、滴定法。再者是根据计算比表面积理论方法不同可分为直接对比法比表面积分析测定、Langmuir 法比表面积分析测定和 BET 法比表面积分析测定等。同时这两种分类标准又有着一定的联系，直接对比法只能采用连续流动法测定吸附气体量的多少，而 BET 法既可以采用连续流动法，也可以采用容量法测定吸附气体量。

BET 理论计算是建立在 Brunauer、Emmett 和 Teller 三人从经典统计理论推导出的多分子层吸附公式基础上，即著名的 BET 方程：

$$\frac{P}{V(P_n - P)} = \frac{1}{V_m C} + \frac{C-1}{V_m C}(P/P_n)$$

式中　P——吸附质分压；

　　P_0——吸附剂饱和蒸汽压；

　　V——样品实际吸附量

　V_m——单层饱和吸附量；

　　C——与样品吸附能力相关的常数。

由上式可以看出，BET 方程建立了单层饱和吸附量 V_m 与多层吸附量 V 之间的数量关系，为比表面积测定提供了很好的理论基础。

BET 方程是建立在多层吸附的理论基础之上，与许多物质的实际吸附过程更接近，因此测试结果可靠性更高。实际测试过程中，通常实测 3~5 组被测样品在不同气体分压下多层吸附量 V，以 P/P_0 为 X 轴，$\frac{P}{V(P_0 - P)}$ 为 Y 轴，由 BET 方程作图进行线性拟合，得到直线的斜率和截距，从而求得 V_m 值计算出被测样品比表面积，如图 1-5 所示。

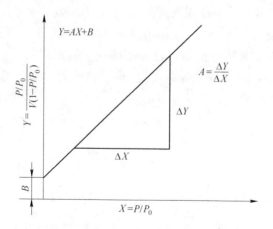

图 1-5　根据 BET 方程拟合直线示意图

理论和实践表明，当 P/P_0 取点在 0.05~0.35 范围内时，BET 方程与实际吸附过程相吻合，图形线性也很好，因此实际测试过程中选点需在此范围内。由于选取了 3~5 组 P/P_0 进行测定，通常我们称之为多点 BET。当被测样品的吸附能力很强，即 C 值很大时，直线的截距接近于零，可近似认为直线通过原点，此时可只测定一组 P/P_0 数据与原点相连求出比表面积，我们称之为单点 BET。与多点 BET 相比，单点 BET 结果误差会大一些。

若采用流动法来进行 BET 测定,测量系统需具备能精确调节气体分压 P/P_0 的装置,以实现不同 P/P_0 下吸附量测定。对于每一点 P/P_0 下 BET 吸脱附过程与直接对比法相近似,不同的是 BET 法需标定样品实际吸附气体量的体积大小,而直接对比法则不需要。

另外,BET 法可以测定孔径(孔隙度)分布。利用的是毛细凝聚现象和体积等效代换的原理,即以被测孔中充满的液氮量等效为孔的体积。吸附理论假设孔的形状为圆柱形管状,从而建立毛细凝聚模型。由毛细凝聚理论可知,在不同的 P/P_0 下,能够发生毛细凝聚的孔径范围是不一样的,随着 P/P_0 值增大,能够发生凝聚的孔半径也随之增大。对应于一定的 P/P_0 值,存在一临界孔半径 R_k,半径小于 R_k 的所有孔皆发生毛细凝聚,液氮在其中填充,大于 R_k 的孔皆不会发生毛细凝聚,液氮不会在其中填充。临界半径可由凯尔文方程给出:

$$R_k = -0.414/\lg(P/P_0)$$

式中 R_k——凯尔文半径,它完全取决于相对压力 P/P_0。凯尔文公式也可以理解为对于已发生凝聚的孔,当压力低于一定的 P/P_0 时,半径大于 R_k 的孔中凝聚液将气化并脱附出来。理论和实践表明,当 P/P_0 大于 0.4 时,毛细凝聚现象才会发生,通过测定出样品在不同 P/P_0 下凝聚氮气量,可绘制出其等温吸脱附曲线,通过不同的理论方法可得出其孔容积和孔径分布曲线。最常用的计算方法是利用 BJH(Barrett-Joyner-Halenda 三位科学家的首字母)理论,通常称之为 BJH 孔容积和孔径分布。

1.6.3 实验仪器与药品

氮气吸附测定仪、电子天平、多孔样品、高纯氮气、液氮。

1.6.4 实验步骤

(1)用电子天平准确称量 0.1~0.2g 预先干燥过的样品;

(2)将样品装入样品管;

(3)将样品管装在氮气吸附测定仪上,在吸附仪的广口容器中加足液氮;

(4)打开氮气钢瓶开关;

(5)打开仪器测定开关;

(6)待测试完成后,关闭氮气钢瓶开关,关闭仪器,吸附仪的广口容器上加盖;

(7)取下样品管。

1.6.5 数据处理

在吸附仪连接的计算机上用自带程序处理数据，得出测试的多孔样品的比表面积，同时可以得到 BJH 法平均孔径及孔径分布图。

1.6.6 思考题

（1）采用氦气替换氮气是否可以同样测定样品的比表面积？
（2）多孔样品的比表面积的测定受哪些因素的影响？

1.7 溶液吸附法测定硅胶的比表面积

1.7.1 实验目的

熟悉掌握比表面积的定义以及溶液吸附法的测定原理，掌握分光光度计基本原理并熟悉其使用方法。

1.7.2 实验原理

通过研究表明，在一定浓度范围内，大多数固体对次甲基蓝的吸附是单分子层吸附，即符合朗格缪尔单分子层吸附理论。但当原始溶液浓度过高时，会出现多分子层吸附，因此，原始溶液的浓度及吸附后的浓度应选择在适当的范围。

设实验采用吸附剂质量为 $G(\mathrm{mg})$，单分子层吸附饱和时所吸附的吸附质（次甲基蓝）的重量为 $\Delta G(\mathrm{mg})$，吸附质在硅胶表面的投影面积为 $A(\mathrm{m^2/}$分子$)$，M 为次甲基蓝的相对分子质量（其分子式为 $C_{16}H_{18}CN_3S \cdot 3H_2O$，相对分子质量为 373.9），$N$ 为阿伏加德罗常数，则吸附剂的比表面积 $S(\mathrm{m^2/g})$ 可用下式表示：

$$S = \frac{\Delta G N A}{G M}$$

其中，

$$\Delta G = (C_0 - C)V$$

式中　C_0——吸附前次甲基蓝原始溶液的浓度，mg/mL；

　　　C——吸附达到平衡时溶液的浓度，mg/mL；

　　　V——所取次甲基蓝原始溶液的体积，mL。

A 的数值取决于吸附质（次甲基蓝）分子在吸附剂（硅胶）表面上单层饱和吸附排列方式，A 值的求得是用已知比表面 S 值（此数据由实验提供）的硅胶代入上式求得 $A = 752.53 \times 10^{-20} \mathrm{m^2/}$分子。

由上述可知，ΔG 的测定是本实验的关键，而测定 ΔG 的关键是对平衡浓度 C 的测定。实验中可以采用最常用的溶液比色法，根据光吸收定律（朗伯—比二定律），当入射光为一定波长的单色光时，其溶液的消光值（或称光密度）与溶液中吸光物质的浓度及溶液的厚度成正比。

用溶液吸附法测定固体比表面积，具有所需仪器简单，能同时测定多个样品，但由于实验中每个吸附分子投影面积可能相差很远，相较精密测定比表面的方法如 BET 低温吸附法或色谱法等，本法测定误差较大。

1.7.3 实验仪器和药剂

振荡器一台、容量瓶若干、25mL 有刻度移液管、三角瓶、分光光度计及附件一套；次甲基蓝、180μm（80 目）层析硅胶（色谱用）。

1.7.4 实验过程

（1）溶液吸附。取 100mL 干燥、洁净三角瓶 2 只，分别准确称取 100.0mg 在 105℃下烘 2~3h 的硅胶置于上述三角瓶中（称时迅速，注意硅胶强烈吸水），然后用移液管准确移取 50mL 0.05mg/mL 次甲基蓝溶液加入瓶内，迅速塞上瓶塞，放入振荡器中振荡 2h。

（2）配置次甲基蓝标准溶液。采用标准曲线的方法进行溶液配制。用 25mL 可读移液管分别移取 4mL、8mL、12mL、16mL、20mL、24mL 的 0.05mg/mL 次甲基蓝溶液于 6 个 100mL 的容量瓶中，用蒸馏水冲洗到刻度，摇匀，此时各溶液的浓度分别为 2×10^{-3} mg/mL、4×10^{-3} mg/mL、6×10^{-3} mg/mL、8×10^{-3} mg/mL、10×10^{-3} mg/mL、12×10^{-3} mg/mL。

（3）平衡液处理。从振荡器上取下三角瓶，静止后，移取 25mL（不要吸上硅胶）平衡液加入洁净 100mL 容量瓶中，用蒸馏水稀释到刻度，此时平衡液已稀释到了 4 倍。

（4）选择工作波长。用 6×10^{-3} mg/mL 的标准溶液在 500~700nm 范围内测量吸光值，以吸光值最大时的波长为工作波长。

（5）测量各溶液吸光值。分别测定各标准液及稀释后平衡液的吸光度，并记录。

1.7.5 数据处理

首先做工作曲线：将 6 个标准溶液的浓度作为横坐标，其消光值为纵坐标作图，得一直线，即工作曲线。测定平衡液消光值，从工作曲线上查得对应之浓度，再乘上稀释倍数，即为 C。

将相应的数据代入公式计算比表面（m^2/g）：

$$\Delta G = (C_0 - C) V$$

$$S = \frac{\Delta GNA}{GN}$$

1.7.6 思考题

（1）移液过程中为什么不能把硅胶移入容量瓶？

（2）这种测定方法的优缺点分别是什么？

1.8 X射线衍射法测定晶胞常数

1.8.1 实验目的

掌握晶体对 X 射线衍射的基本原理和晶胞常数的测定方法；了解 X 射线衍射仪的基本结构和使用方法；掌握 X 射线粉末图的分析和使用。

1.8.2 实验原理

晶体是由具有一定结构的原子、原子团（或离子团）按一定的周期在三维空间重复排列而成的。反映整个晶体结构的最小平行六面体单元称晶胞。晶胞的形状和大小可通过夹角 α、β、γ 和三个边长 a、b、c 来描述。因此，α、β、γ 和 a、b、c 称为晶胞常数。

一个立体的晶体结构可以看成是由其最邻近两晶面之间距离为 d 的这样一簇平行晶面所组成，也可以看成是由另一簇面间距为 d 的晶面所组成……其数无限。当某一波长的单式 X 射线以一定的方向投射晶体时，晶体内这些晶面像镜面一样发射入射 X 光线。只有那些面间距为 d，与入射的 X 射线的夹角为 θ 且两邻近晶面反射的光程差为波长整数倍 n 的晶面簇在反射方向的散射波，才会相互叠加而产生衍射，如图 1-6 所示。

光程差 $\Delta = AB + BC = n\lambda$，而 $AB = BC = d\sin\theta$，则

$$2d\sin\theta = n\lambda$$

上式即为布拉格（Bragg）方程。

如果样品晶体内某一簇晶面与入射线夹角为 θ，且符合 Bragg 方程，那么衍射线与晶面夹角为 θ，而且与入射线方向夹角为 2θ。对于多晶体样品（粒度约 0.01mm），在试样中的晶体存在着各种可能的晶面取向，与入射 X 线成 θ 角的面间距为 d 的晶簇面不止一个，而是无穷个，且其晶面衍射线分布在以半顶角为 2θ 的圆锥面上，如图 1-7 所示。在单色 X 射线照射多晶体时，满足 Bragg 方程的晶面簇不止一个，而是有多个衍射圆锥相应于不同面间距 d 的晶面簇和不同的 θ

角。当 X 射线衍射仪的计数管和样品绕试样中心轴转动时（试样转动 θ 角，计数管转动 2θ），就可以把满足 Bragg 方程的所有衍射线记录下来。衍射峰位置 2θ 与晶面间距（即晶胞大小和形状）有关，而衍射线的强度（即峰高）与该晶胞内（原子、离子或分子）的种类、数目以及它们在晶胞中的位置有关。

　　由于任何两种晶体其晶胞形状、大小和内含物总存在差异，所以 2θ 和相对强度（I）可以作为物相分析依据。

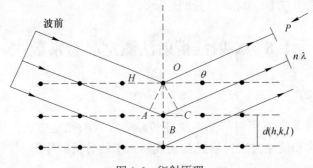

图 1-6　衍射原理

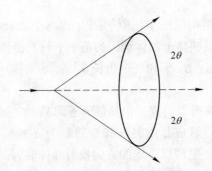

图 1-7　半顶角为 2θ 的衍射圆锥

1.8.3　晶胞大小的测定

　　以晶胞常数 $\alpha=\beta=\gamma=90°$，$a\neq b\neq c$ 的正交系为例，由几何结晶学可推出：

$$\frac{1}{d}=\sqrt{\frac{h^{*2}}{a^2}+\frac{k^{*2}}{b^2}+\frac{l^{*2}}{c^2}}$$

式中　h^*，k^*，l^*——密勒指数（即晶面符号）。

　　对于四方晶系，因 $\alpha=\beta=\gamma=90°$，$a=b\neq c$，上式可简化为

$$\frac{1}{d}=\sqrt{\frac{h^{*2}+k^{*2}}{a^2}+\frac{l^{*2}}{c^2}}$$

　　对于立方晶系，因 $\alpha=\beta=\gamma=90°$，$a=b=c$，故可简化为

$$\frac{1}{d} = \sqrt{\frac{h^{*2} + k^{*2} + l^{*2}}{a^2}}$$

至于六方、三方、单斜和三斜晶系的晶胞常数、面间距与密勒指数间的关系可参考任何 X 射线结构分析的书籍。

衍射谱中各衍射峰所对应的 2θ，通过 Bragg 方程求得的只是相对应的各 $\frac{n}{d}\left(\frac{n}{d} = \frac{2\sin\theta}{\lambda}\right)$ 值。因为我们不知道某一衍射是第几级衍射，为此，如将以上三式的两边同乘以 n。

对正交晶系：

$$\frac{n}{d} = \sqrt{\frac{n^2 h^{*2}}{a^2} + \frac{n^2 k^{*2}}{b^2} + \frac{n^2 l^{*2}}{c^2}} = \sqrt{\frac{h^2}{a^2} + \frac{k^2}{b^2} + \frac{l^2}{c^2}}$$

对四方晶系：

$$\frac{n}{d} = \sqrt{\frac{n^2 h^{*2} + n^2 k^{*2}}{a^2} + \frac{n^2 l^{*2}}{c^2}} = \sqrt{\frac{h^2 + k^2}{a^2} + \frac{l^2}{c^2}}$$

对于立方晶系：

$$\frac{n}{d} = \sqrt{\frac{n^2 h^{*2} + n^2 k^{*2} + n^2 l^{*2}}{a^2}} = \sqrt{\frac{h^2 + k^2 + l^2}{a^2}}$$

式中　h，k，l——衍射指数，它们和密勒指数的关系：$h = nh^*$，$k = nk^*$，$l = nl^*$，衍射指数与密勒指数的差别为密勒指数不带有公约数。

因此，若已知入射 X 射线的波长 A，从衍射谱中直接读出各衍射峰的 θ，通过 Bragg 方程（或直接从《Tables for Conversion of X-ray diffraction Angles to Interplaner Spacing》的表中查得）可求得所对应的各 $\frac{n}{d}$ 值；如又知道各衍射峰所对应的衍射指数，则立方（或四方、正交）晶胞的晶胞常数就可确定。这一寻找对应各衍射峰指数的步骤称为"指标化"。对于立方晶系，指标化最简单，由于 h、k、l 为整数，所以各衍射峰的 $\left(\frac{n}{d}\right)^2$ 或 $\sin^2\theta$，以其中最小的 $\frac{n}{d}$ 值除之，得

$$\frac{\left(\frac{n}{d}\right)_1^2}{\left(\frac{n}{d}\right)_1^2} : \frac{\left(\frac{n}{d}\right)_2^2}{\left(\frac{n}{d}\right)_1^2} : \frac{\left(\frac{n}{d}\right)_3^2}{\left(\frac{n}{d}\right)_1^2} : \frac{\left(\frac{n}{d}\right)_4^2}{\left(\frac{n}{d}\right)_1^2} : \cdots$$

上述所得数列应为一整数数列。如为 $1 : 2 : 3 : 4 : 5 : \cdots$ 则按 θ 增大的顺序，标出各衍射指数（h、k、l）为：100、110、111、200…。表 1-2 为立方点阵衍射指标规律。

表 1-2　立方点阵衍射指标规律

$h^2+k^2+l^2$	P	I	F	$h^2+k^2+l^2$	P	I	F
1	100			14	321	321	
2	110	100		15			
3	111		111	16	400	400	400
4	200	200	200	17	410 322		
5	210			18	411 330	411	
6	211	211		19	331		331
7				20	420	420	420
8	220	220	220	21	421		
9	300 221			22	332	332	
10	310	310		23			
11	311		311	24	422	422	422
12	222	222	222	25	500 430		
13	320						

在立方晶系中，有素晶胞（P），体心晶胞（I）和面心晶胞（F）三种形式。在素晶胞中衍射指数无系统消光。但在体心晶胞中，只有 $h+k+l$ 值为偶数的粉末衍射线，而在面心晶胞中，却只有 h、k、l 全为偶数时或全为奇数的粉末衍射线，其他的粉末衍射线因散射线相互干扰而消失（称为系统消光）。

对于立方晶系所能出现的 $h^2+k^2+l^2$ 值：素晶胞 1：2：3：4：5：6：8：…（缺 7、15、23 等），体心晶胞 2：4：6：8：10：12：14：16：18…＝1：2：3：4：5：6：7：8：9…，面心晶胞 3：4：8：11：12：16：19…

因此，可由衍射谱的各衍射峰的 $\left(\dfrac{n}{d}\right)^2$（或 $\sin^2\theta$ 值）来确定所测物质的晶系、晶胞的点阵形式和晶胞常数。

如不符合上述任何一个数值，则说明该晶体不属于立方晶系，需要用对称性较低的四方、六方……由高到低的晶系逐一来分析、尝试来确定。

知道了晶胞常数，就知道了晶胞体积，在立方晶系中，每个晶胞的内含物（原子、离子、分子）的个数 n，可按下式求得

$$n = \frac{\rho a^3}{M/N_0}$$

式中　*M*——待测样品的摩尔质量；

　　　N_0——阿伏加德罗常数；

　　　ρ——该样品的晶体密度。

1.8.4　实验仪器与试剂

X射线衍射仪、玛瑙研钵；氯化钠（分析纯）。

1.8.5　操作步骤

（1）制样：测量粉末样品时，把待测样品于研钵中研磨至粉末状，样品颗粒不能大于200目，把研细的样品倒入样品板，至稍有堆起，在其上用玻璃板紧压，样品的表面必须与样品板平。

（2）装样：安装样品要轻插，轻拿，以免样品由于震动而脱落在测试台上。

（3）要随时关好内防护罩的罩帽和外防护罩的铅玻璃，防止X射线散射。

（4）接通总电源，此时冷却水自动打开，再接通主机电源。

（5）接通微机电源，并引导系统工程操作软件。

（6）打开微机桌面上"X射线衍射仪操作系统"，选择"数据采集"，填写参数表，进行参数选择，注意填写文件名和样品名，然后联机，待机器准备好后，即可测量（X射线衍射仪的工作原理和使用方法见仪器说明书）。

（7）扫描完成后，保存数据文件，进行各种处理，系统提供6种处功能：寻峰、检索、积分强度计算、峰形放大、平滑、多重绘图。

（8）对测量结果进行数据处理后，打印测量结果。

（9）测量结束后，推出操作系统，关掉主机电源，水泵要在冷却20min后，方可关掉总电源。

（10）取出装样品的玻璃板，倒出框中样品，洗净样品板，晾干。

1.8.6　实验结果和讨论

（1）根据实验测得 NaCl 晶体粉末的各 $\sin^2\theta$ 值，用整数连比起来，与上述规律对照，即可确定该晶体的点阵型式，从而可按表 1-2 将各粉末线依次指标化。

（2）根据公式，利用每对粉末线的 $\sin^2\theta$ 值和衍射指标，即可根据公式：

$$a = \frac{\lambda}{2}\sqrt{\frac{h^2 + k^2 + l^2}{\sin\theta}}$$

式中，*a* 为晶胞常数。实际在精确测定中，应选取衍射角大的粉末线数据来进行计算，或用最小二乘法求各粉末线所得 *a* 值的最佳平均值。

（3）NaCl 的相对分子量取 $M = 58.5\text{g/mol}$，晶体密度为 2.164g/cm^3，则每个立方晶胞中 NaCl 的分子数为

$$n = \frac{\rho V N_0}{M} = \frac{\rho N_0 a^3}{M}$$

1.8.7　注意事项

（1）必须将样品研磨至 $75 \sim 48 \mu m$（$200 \sim 300$ 目）的粉末，否则样品容易从样品板中脱落。

（2）使用 X 射线衍射仪时，必须严格按照操作规程进行操作。

（3）注意对 X 射线的防护。

1.8.8　思考题

（1）简述 X 射线通过晶体产生衍射的条件。

（2）布拉格方程并未对衍射级数和晶面间距 d 做任何限制，但实际应用中为什么只用到数量非常有限的一些衍射线？

（3）布拉格衍射图中的每个点代表 NaCl 中的什么（一个 Na 原子、一个 Cl 原子、一个 NaCl 分子，还是一个 NaCl 晶胞）？试给予解释。

1.9　重力沉降法测定沉淀碳酸钙的粒径

1.9.1　实验目的

理解和掌握碳酸钙颗粒粒径的表征方法和测试方法。

1.9.2　实验原理

静止流体中，固体颗粒在重力作用下自由沉降时受到三种力的作用——重力、浮力和曳力，其运动方程为

$$mg - m_0 g - F_D = m \mathrm{d}v / \mathrm{d}t$$

式中　m——固体颗粒的质量；

m_0——与固体颗粒体积相同的液体的质量；

F_D——曳力；

g——重力加速度。

对小颗粒而言，沉降加速阶段很短，加速阶段所经历的距离也很小，因此小颗粒的加速阶段可以忽略，而近似地认为颗粒始终以速度 v 沉降，此速度称为颗粒的沉降速度或终端速度，即 $\mathrm{d}v / \mathrm{d}t$ 为 0。以直径为 D、密度为 ρ 的球体颗粒在密度为 ρ_0 的流体中的运动方程为

$$F_D = \frac{\pi}{6}(\rho - \rho_0) g D^3$$

根据实验测定系数显示，曳力系数 C_D 与 Reynold 系数 Re 在 Stokes 区的关系为：$C_D = 24/Re$。通过对 C_D 与 Reynold 系数的特性分析，最终可以得到 $D^2 = 18v\eta/[(\rho-\rho_0)g]$ 或 $D = Kv^{1/2}$。此式即为 Stokes 定律方程式，该方程式揭示了颗粒匀速沉降时其运动速度 v 与颗粒直径 D 的关系，Stokes 定律是重力沉降测定沉淀碳酸钙粒径的理论基础。

沉淀碳酸钙的晶体形状有纺锤形、立方体、片状等，而无实际球形晶体，Stokes 定律则是以球形颗粒为研究对象而得出的结论，因此为获得颗粒所遵循的共同规律，一般采用将非球形的颗粒用某种球形颗粒的当量所代替的方法来表征所有形状的颗粒。不同形状、不同尺寸的颗粒，当量球体的直径是不相同的。本书中当量球体直径为速度当量直径，即将任意形状的颗粒等效成与其具有相同沉降速度的球形颗粒，下文中的直径均为该当量球体直径。

重力沉降法测粒径是依据重力作用下流体中不同粒径大小的颗粒其沉降速度不同，大的颗粒沉降速度快，而小的颗粒沉降速度慢，因此测试的关键就在于如何准确测定颗粒的沉降速度。本方法沉降速度的测定是通过测定一定时间悬浮颗粒的浓度来实现的。因 X-ray 的特殊光学特性，选用 X-ray 来测量，既可准确测得悬浮液浓度又对沉降过程无任何干扰。测定时先将一稀释的、分散好的悬浮液在测试系统内循环，使成均一体系，在光学测定池中测起始浓度 c_0，然后停止循环，让颗粒在没有任何干扰的情况下在光学测定池内自然沉降。依照 Stokes 定律，直径为 D 的颗粒经过时间 t 后，沉降距离为 h，其关系式为

$$D = K(h/t)^{1/2}$$

在 h 点处通过 X-ray 测得其浓度为 c。所有比 D 大的颗粒沉降速度快，颗粒已落到 h 点下方，而比 D 小的颗粒仍悬浮于 h 点上方。根据不同时间 t_i，在同一点可测得不同浓度 c_i，则我们可以得到比 D_i 小的颗粒的质量分数 $P_i = \dfrac{100c_i}{c_0}\%$。

通过计算机对 P_i、c_i、D_i 的数据处理，可以得到粒径分布图，由此可以根据不同的数据需求，用计算机进行各种数据处理，得到各种所需的结果，其中最常用的是粒径分布及平均粒径。

1.9.3　实验仪器及药品

Sedigraph 5100 粒径分析仪、Sonicator 超声波分散仪、电子天平；分散剂、去离子水、沉淀碳酸钙。

1.9.4　实验步骤

称取一定量沉淀碳酸钙，加入定量分散剂，在超声波分散仪上进行充分分散。打开 Sedigraph 5100 粒径分析仪，待仪器运行稳定后，选定浓度测试点，再

进行基线实验，设定样品参数及数据结果要求，然后装入分散好的试样进行测试，测试完成后自动打印出结果，如图1-8和图1-9所示。

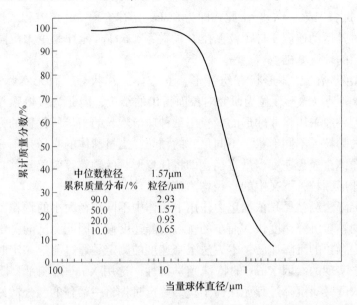

图 1-8　直径累计百分数

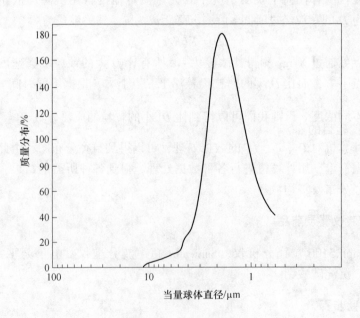

图 1-9　直径质量分布

1.9.5　实验数据及讨论

（1）样品在进行测试时必先充分分散。通常情况下、碳酸钙的颗粒易集积在一起，在悬浊液中易形成团、块，若没有很好分散，则成团的颗粒在沉降过程中比单个颗粒沉降得快，而导致结果偏大，影响结果的准确性。

（2）样品在沉降过程中不能有气泡影响。因分散剂具有一定的表面活性，使得水的表面张力减小，过程中很有可能存在气泡。若在沉降过程中有气泡影响，一方面气泡会干扰碳酸钙颗粒的自然沉降，另一方面在 X-ray 测定浓度时会因吸光度异常而导致结果无效。

（3）利用颗粒自身重力进行自然沉降其过程较慢，耗时较长。为提高效率，在进行沉降分析时可将光学测定池向下移动，以缩短小颗粒沉降距离来节省时间。

（4）分析仪器不能受外力干扰。因仪器不水平或在分析过程中受外力干扰都会影响颗粒的自然沉降，对结果产生不良影响。

（5）保持温度恒定。液体的特性对颗粒的沉降模式影响极大，在测定过程中若测试体系的温度发生变化，势必会引起流体的黏度发生变化，而影响颗粒沉降特性，使测试结果无效。

1.9.6　思考题

碳酸钙颗粒的粒径及粒径分布的表示方法有哪些？

1.10　激光粒度分析实验

1.10.1　实验目的

（1）了解激光光散射法测量材料粒度的实验原理；

（2）掌握激光光散射法测量材料粒度的方法。

1.10.2　实验原理

粉体的粒度是颗粒在空间范围所占大小的线性尺度，粒度越小，则粒度的微细程度越大。颗粒群是指含有许多颗粒的粉体或分散体系中的分散相。若颗粒粒度都相等或近似相等，则称为单分散的体系，而实际颗粒体系所含颗粒的粒度大都有一个分散范围，常称为多分散的体系。粒度分布是表征多分散体系中颗粒大小不均一程度的，粒度分布范围越窄，其分布的分散程度就越小，集中度也就越高。

　　粒度分布又分为频率分布和累积分布，其中累积分布的横坐标表示各粒级的粒度，纵坐标表示在某粒径 D_f 以下的颗粒所占总颗粒的比数或质量百分数。通过粒度分布曲线分析所显示的粒度大小和粒度大小分布，可了解材料的研磨情况，推断出材料粒度不同则其性能不同，同时还可以反映出材料性能不同与材料颗粒粒径的大小的关系。

　　当光线通过不均匀介质时其传输路径会偏离它直线传播方向，这就是光的散射现象。这是由吸收、反射、折射、透射和衍射共同作用的结果。散射光中包含了散射体大小、形状、结构以及成分、组成和浓度等信息，因此，利用光散射技术可以测量颗粒群的浓度分布与折射率大小，还可以测量颗粒群的粒子尺寸分布。

　　激光粒度仪就是根据颗粒能使激光产生散射的物理现象来测试粒度分布的。根据光学衍射和散射的原理，从激光器发出的激光束经物镜聚集、针孔滤波和准直后，变成直径约10mm的平行光束，该光束照射到待测的颗粒上就可以发生散射，而散射光经傅里叶透镜后照射到光电探测器上的任一点都对应于某一确定的散射角 θ。光电探测器阵列能将投射到上面的散射光线性地转换成电压信号，然后经数据采集卡将电信号放大后，再进行模拟/数字（A/D）转化后由计算机编辑输出，如图1-10所示。

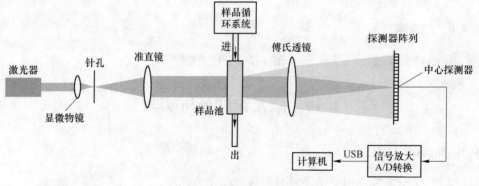

图1-10　激光粒度仪工作原理

　　激光粒度分析是在假定所测定颗粒为球体的前提下进行的。研究表明：散射光的角度和颗粒直径成反比（颗粒越大，产生的散射光的 θ 就越小，颗粒越小，产生的散射光的 θ 就越大），而且散射光强度随角度的增加呈对数衰减。这些散射光经傅里叶透镜后成像在排列有多环光电探测器的焦平面上。多环光电探测器上的中央探测器用来测定样品的体积浓度，外围探测器用来接收散射光的能量并转换成电信号，而散射的能量分布与颗粒粒度分布直接相关，即散射光的强度表示该粒径颗粒的能量。因此，通过接收和测量散射光的能量分布就可以得出颗粒的粒度分布特征。

散射光强度与颗粒粒径有如下关系：

$$I(\theta) = \frac{1}{\theta} \int_0^{\infty} R^2 n(R) \, J_1(\theta R K) \, \mathrm{d}R$$

式中　θ——散射角度；

　　R——颗粒半径；

　$I(\theta)$——以 θ 散射的光强度；

$n(R)$——颗粒的粒径分布函数；

　　K——$2\pi/\lambda$（λ 为激光的波长）；

　　J_1——第一型的贝叶斯函数。

通过该公式，根据所测得的 $I(\theta)$ 即可反求颗粒粒径分布 $n(R)$。

1.10.3　实验试剂及仪器

（1）实验试剂：纳米二氧化钛、蒸馏水、分散剂、表面活性剂等；

（2）实验仪器：激光粒度分析仪、超声波发生器等。

1.10.4　实验步骤

（1）样品准备。选择合适的溶剂，将待测样品混合均匀（可配合使用超声分散）；观察样品是否有溶解、结块或漂浮等现象，必要时可进行过滤，如果有气泡存在还需进行脱气（这是因为气泡作为粒度计算会使结果产生偏差而导致数据无法解释）。分散剂可以是任何透明、光学性质均匀、不与样品发生反应的液体。常用的分散剂有水（1.33）、乙醇（1.36）、丙基醇（1.39）、丁酮（1.38）、正己烷（1.38）、丙醇（1.36）（括号内数字为折光率）。

（2）开机。将仪器电源打开，再打开电脑，打开电脑上激光粒度仪相应的应用程序进入程序主界面。

（3）加入样品。将样品加入样品室并放置于分散槽内。

（4）设定操作参数。设定分散剂的黏度和折光指数、温度、平衡时间、测量次数等操作参数，然后开始测量。

（5）测量结束后得到粒度分布图，进行数据分析。

（6）测试实验结束，先关闭电脑上的软件，然后关闭仪器。

1.10.5　实验注意事项

（1）仪器开机后需要预热 15~30min。开机时先开仪器，再开软件；关机时先关软件，再关仪器。

（2）样品一定要充分分散，必要时需要进行过滤和脱气。

（3）将样品放入样品室时，请勿将样品填入过量，以免污染仪器，测量时样品室放置方向不要混乱颠倒，且每次测试完需将样品室清洗干净。

（4）一般情况下，仪器的样品遮光度以 10%～15% 为宜。

1.10.6　思考题

（1）样品浓度对测定结果有什么影响？

（2）分散介质种类和样品制样时分散时间对测定结果有什么影响？

（3）测试温度和测试时间对测定结果有什么影响？为什么？

1.11　材料表面接触角的测定

静滴接触/界面张力测量，主要是测量液体对固体（及压固后粉末）的接触角，即液体对固体的浸润性，也可以测量外相为液体的接触角。它能测量各种液体对不同材料的接触角。接触角在表面化学研究中有广泛的应用，如研究固体表面的湿润性质、固体表面能、浸润热、低能固体的吸附量等，在石油、印染、医药、喷涂、选矿等行业的科研和生产中有非常重要的作用。

1.11.1　实验目的

（1）了解材料表面接触角的测量原理；

（2）掌握材料表面接触角及材料表面张力的测定方法；

（3）学会利用接触角进行不同材料的表面性质分析。

1.11.2　实验原理

在生产与生活中，不同材料发生接触的表面是绝大多数情况下材料研究与应用的主要关注点。所谓表面，是指基体最外层不超过 100nm 厚度的那部分物质。这部分物质直接影响到材料的许多性质与性能，比如手感、染色性、抗静电性、生物相容性、黏接性、亲水亲油性等。研究材料表面性质的方法很多，比如X-射线光电子能谱、飞行时间二次离子质谱（TOF-SIMS）、扫描电子显微镜、氮气吸附法（BET法）、原子力显微镜等，而接触角测定是一种对材料表面性质进行研究的简单但非常有效的方法。

润湿是自然界和生产过程中一种常见的现象。通常将固-气界面被固-液界面所取代的过程称为润湿，主要有三种类型，即沾湿、浸湿与铺展。如果液体不黏附而保持椭球状，则称为不润湿（见图1-11）。

当液体与固体接触沾湿后，体系的自由能降低。因此，液体在固体上润湿程度的大小可用这一过程自由能降低的多少来表示。沾湿是改变液-气界面、固-气界面为固-液界面的过程。其发生的条件是

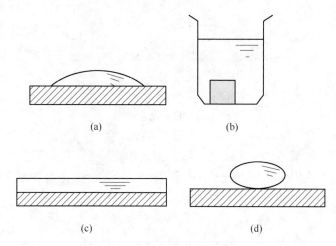

图 1-11 润湿及不润湿示意

(a) 沾湿；(b) 浸湿；(c) 铺展；(d) 不润湿

$$\Delta G_A = \gamma_{SL} - \gamma_{SG} - \gamma_{LG} \leqslant 0$$

或者，

$$W_A = \gamma_{SG} + \gamma_{LG} - \gamma_{SL} \geqslant 0$$

式中　γ_{SG}，γ_{LG}，γ_{SL}——固-气界面、液-气界面和固-液界面的表面张力；

ΔG_A，W_A——液固接触过程的吉布斯自由能变化和黏附功。

浸湿是指沾湿同体浸入液体的过程，其发生的条件是

$$\Delta G_i = \gamma_{SL} - \gamma_{SG} \leqslant 0$$

或者，

$$W_i = \gamma_{SG} - \gamma_{SL} \geqslant 0$$

式中　ΔG_i，W_i——液固接触浸湿过程的吉布斯自由能变化和浸湿功。

铺展是在固-液界面代替固-气界面的同时，液体表面也扩展，其发生的条件是

$$\Delta_{GS} = \gamma_{SL} - \gamma_{SG} + \gamma_{LG} \leqslant 0$$

或者，

$$W_S = \gamma_{SG} - \gamma_{LG} - \gamma_{SL} \geqslant 0$$

式中　ΔG_S，W_S——液固接触铺展过程的吉布斯自由能变化和铺展功。

在恒温恒压下，液滴放置在固体平面上时，液滴能自动地在固体表面铺展开来，或以与固体表面成一定接触角的形式存在（见图 1-12）。

达到平衡时，在气、液、固三相交界处，气-液界面和固-液界面之间的夹角称为接触角，用 θ 表示，其值介于 0°~180°。它实际是液体表面张力和液-固界面

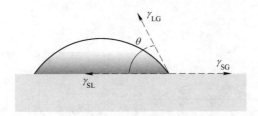

图 1-12　接触角示意图

张力间的夹角。接触角的大小由气、液、固三相交界处三种界面张力的相对大小所决定。当液滴在固体平面上处于平衡位置时，这些界面张力在水平方向上的分力之和应等于零，由此可得出著名的 Yong 方程，即

$$\gamma_{SG} - \gamma_{SL} = \gamma_{LG} \cos\theta$$

所以有：

$$W_A = \gamma_{LG}(1 + \cos\theta)$$
$$W_i = \gamma_{LG} \cos\theta$$
$$W_S = -\gamma_{LG}(1 - \cos\theta)$$

根据此方程，只要测定了液体的表面张力和接触角，就可以计算出黏附力、铺展系数，进而可以据此来判断各种润湿现象。

接触角的大小可作为判别润湿情况的依据。当 $\theta = 180°$ 时，黏附功 $W_A = 0$，为完全不润湿；当 $\theta > 90°$ 时，称为不润湿；当 $\theta < 90°$ 时，称为润湿。且当 $\theta = 0°$ 时，黏附功 W_A 最大，液体在固体表面上铺展，固体被完全润湿。也就是说，θ 越小，则润湿性能越好。

接触角的测定方法很多，根据直接测定的物理量可分为四大类，即角度测量法、长度测量法、力测量法和透射测量法。其中，液滴角度测量法是最常用的，也是最简单的一类方法。它是在平整的固体表面滴上一滴小液滴，然后直接测量接触角的大小。因此，可用低倍显微镜中装有的量角器测量，也可将液滴图像投影到屏幕上或拍摄图像再用量角器测量，但这类方法都无法避免人为作切线的误差。接触角难以测准，需要多次测量取平均值。这不仅是由于测量方法上的固有困难，而且决定和影响润湿作用和接触角大小的因素很多，如固体和液体的性质和杂质，固体表面的粗糙程度，表面不均匀性，外来污染物的影响等。

1.11.3　实验试剂及仪器

（1）实验试剂：蒸馏水、无水乙醇、十二烷基苯磺酸钠（或十二烷基硫酸钠），其中十二烷基苯磺酸钠水溶液的质量分数分别为 0.01%，0.02%，0.03%，0.04%，0.05%，0.1%，0.15%，0.2%，0.25%。

（2）实验仪器：光学接触角测量仪、微量注射器、容量瓶、镊子、玻璃载片、涤纶薄片、聚乙烯片、不锈钢片。

1.11.4　实验步骤

1.11.4.1　接触角的测定

（1）打开仪器电源，打开电脑，打开控制软件，然后单击界面右上角的"活动图像"按钮，这时可以看到摄像头拍摄的载物台上的图像。

（2）在"Device Control Panel"中选择"Dosing"，再在该窗口中选择滴定模式为"体积"。测接触角的样品置一般不超过 $8\mu L$，本实验选择"Volume"→"$3\mu L$"，同时设置滴定速度。

（3）单击右手箭头开始滴定（此时液体悬在注射器内），同时用样品台去接液体，使液滴完整地留在固体平面上，冻结图像（拍照）。

（4）计算接触角。先按"Baseline Determination"（基线检测）图标，进行自动寻找基线。必要时可手动调基线，使基线与液滴边缘相切，然后按"Contact Angle"进行计算。记录测试结果，保存图像。

（5）测量结束后，先闭关软件，后闭关仪器。

1.11.4.2　表面张力的测定

（1）在"Dosing"窗口中单击"Dosing Forward"滴出液滴并悬于针尖处，此时液滴大小为液滴滴下总体积的80%。

（2）单击鼠标右键，选择"Pendent Drop"，设置测试方法为"悬滴"，并在"Drop Info"中输入针头直径和液体密度。

（3）设置基准线、像素线、轮廓线后，按"MAG"和"Fit"图标进行测量。

1.11.5　实验数据记录与处理

蒸馏水在不同固体表面的接触角见表1-3。

表 1-3　蒸馏水在不同固体表面的接触角

固体表面	接触角 $\theta/(°)$		
	左	右	平均
玻璃载片			
涤纶薄片			
聚乙烯片			
不锈钢片			

其他液体在不同固体表面的接触角。参照表1-3分别记录无水乙醇及不同质量分数的十二烷基苯磺酸钠水溶液在不同固体表面的接触角。

1.11.6　实验注意事项

（1）接触角小于40°时，最好用"Circle Fitting"法测量。

（2）测量过程中，手指不要触碰样品表面。

（3）液体张力小于30mN/m时，要换细针测量。

（4）接触角测量过程中可以进行录像并保存，以后可回放图像进行测量。

1.11.7　思考题

（1）什么叫接触角，测量接触角有什么实际应用价值？

（2）本实验过程中引起误差的因素有哪些，如何克服或减小误差？

（3）如何根据接触角的大小判断液体对材料的润湿性？

2 材料的力学性能测定

材料抵抗机械作用的能力是材料最重要的性质之一。不论是金属材料、无机非金属材料、有机高分子材料或复合材料，当它们用作机械部件、结构材料等用途时，一般都要测定其力学性能。材料力学性能实验的内容较多，包括拉伸、压缩、弯曲、剪切、冲击、疲劳、摩擦、硬度等。材料机械强度指材料受外力作用时，其单位面积上所能承受的最大负荷。一般用抗弯（抗折）强度、抗拉（抗张）强度、抗压强度、抗冲击强度等指标来表示。

2.1 材料的硬度实验

2.1.1 实验目的

了解布氏和维氏硬度仪的测量原理；掌握布氏和维氏硬度测试方法；了解布氏和维氏硬度测试方法的优缺点。

2.1.2 实验原理

2.1.2.1 布氏硬度

其原理是将一定直径的硬质合金球施加实验力压入试样表面经规定的保持时间后，卸除实验力，测量试样表面压痕的直径，如图2-1所示。

由压头球直径 D 和测量所得的试样压痕直径 d 可算出压痕面积，即

$$S = \frac{1}{2}\pi D(D - \sqrt{D^2 - d^2})$$

于是布氏硬度值可由以下式算出。布氏硬度 = 常数×实验力/压痕表面积，即

$$HBW = 0.102 \times \frac{2F}{\pi D(D - \sqrt{D^2 - d^2})}$$

式中，$d = (d_1 + d_2)/2$；D，d 单位为 mm；F 单位为 N。

为使用方便，布氏硬度值可由布氏硬度计算值表查出。

布氏硬度实验力的选择应保证压痕直径为 $0.24 \sim 0.6D$；实验力—压头球直径平方的比率（$0.102F/D^2$）应根据材料和硬度选择，当试样尺寸允许时，优先选用 10mm 的球压头。

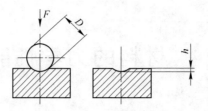

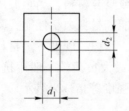

图 2-1 布氏硬度测量原理图

2.1.2.2 维氏硬度

维氏硬度实验使用正四棱锥形的金刚石压头，其相对面夹角为136°。由于其硬度极高，金刚石压头可以压入几乎所有材料，而且棱锥的形状使得压痕和压头本身的大小无关。将压头用一定的负荷（实验力）压入被测材料表面。保持负荷一定时间后，卸除负荷，测量材料表面的方形压痕之对角线长度。对相互垂直的二对角线长度（l_1 和 l_2）取其算术平均值，如图 2-2 所示。

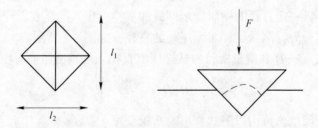

图 2-2 维氏硬度测量原理图

维氏硬度值的计算公式为

$$HV = 0.102 \times \frac{F}{S} = 0.102 \times \frac{2F\sin\frac{\alpha}{2}}{d^2}$$

式中 F——负荷，N；

S——压痕表面积，mm^2；

α——压头相对面夹角，$136°$；

d——平均压痕对角线长度，mm。

维氏硬度测试时试样厚度应不小于其压痕对角线的 1.5 倍，实验后，试样背面不应呈现变形痕迹。任一压痕中心与试样边缘或其他压痕中心之间的距离，对于黑色金属应不小于压痕平均对角线长的 2.5 倍，对于有色金属则不应小于 5 倍。和布氏硬度实验相比较，维氏硬度具有很多优点。它不存在布氏硬度实验中负荷和压头直径选配关系的约束，也不存在压头变形问题，可以测定软硬不同的各种金属材料的硬度。由于压痕轮廓清晰，采用对角线长度计量，所以读数较布氏硬度实验法精确。实验时负荷可以任意选择，所以适宜用来测定薄试样的硬度。例如表面化学热处理试样的硬度等。维氏硬度实验的缺点是其硬度值需经过压痕对角线的测量，然后计算或查表得到，不适宜于成批生产中成品件的质量检验。此外，由于压痕小，虽然对零件的损伤小，但也不适宜于用来测定组织粗大或存在组织不均匀性材料的硬度值。

维氏硬度表示方法：640HV30 表示用 30kgf（294.2N）实验力保持 $10 \sim 15s$ 测定的维氏硬度值为 640。

2.1.3 实验设备和材料

黄铜，20 钢（退火态），45 钢（淬火+中温回火），Al_2O_3 工程陶瓷；布氏、维氏（显微）硬度计；读数放大镜最小分度值为 0.01mm。

2.1.4 实验方法与步骤

2.1.4.1 布氏硬度

（1）测试准备：检查接好的电源线，打开电源开关，电源指示灯亮，实验机进行自检、复位，显示当前的实验力保持时间，该参数自动记忆关机前的状态。

（2）安装压头：选取要用的压头，用酒精清洗其黏附的防锈油，然后用棉花或其他软布擦拭干净，装入主轴孔内，旋转紧定螺钉使其轻压于压头尾柄之扁平处；同时将试样平稳、密合地安放在样品台上。顺时针转动手轮，便样品台上升，试样与压头接触，直至手轮与螺母产生相对滑动（打滑），最后将压头紧定螺钉旋紧。

（3）选择实验力：硬度计能提供 5 种实验力供选用，共有砝码 7 个，其中 1 个 1.25kg 砝码，1 个 5kg 砝码，5 个 10kg 砝码，通过砝码的组合来实现 5 种实验力，见表 2-1。

表 2-1　实验力与砝码组合对应表

试验力/N	对应的公斤力/kgf	砝码组合
1839	187.5	吊挂
2452	250	吊挂+1.25kg 砝码
7355	750	吊挂+1.25kg 砝码+10kg 砝码 1 个
9807	1000	吊挂+1.25kg 砝码+10kg 砝码×1 个+5kg 砝码×1 个
29420	3000	吊挂+1.25kg 砝码+10kg 砝码×5 个+5kg 砝码×1 个

（4）实验力保持时间设置：对于常见材料，实验力保持时间一般设置为 10~15s，用户可以根据需要设置。按"▲"或"▼"键，来设置保持时间。

（5）测试样品：将被测试样放置在样品台中央，顺时针平稳转动手轮，使样品台上升，试样与压头接触；直至手轮与螺母产生相对滑动（打滑），即停止转动手轮。此时按"开始"键，实验开始自动进行，依次自动完成以下过程：实验力加载（加载指示灯亮）；实验力完全加上后开始按设定的保持时间倒计时，保持该实验力（保持指示灯亮）；时间到后立即开始卸载（卸载指示灯亮），完成卸载后恢复初始状态（电源指示灯亮）。

采用读数放大镜，测量压痕直径，并记录数据，然后查找表格，读出试样的布氏硬度值。

（6）关机：卸除全部实验力，关闭电源开关。若长期不用，拔除电源连线；取下压头、砝码等，妥善存放。

2.1.4.2　维氏硬度

（1）旋转物镜，便金刚石压头对准试样，设置加载时间。

（2）开始实验，压下加载开关，在实验力的作用下，金刚石头对试样表面进行加载，保持一定时间后卸载。

（3）指示灯灭掉后，再次旋转目镜对准试样，调整刻度线测量视野中四边形的两条对角线长度，并记录。

（4）查维氏硬度表，根据对角线长度，读出对应的维氏硬度值；或者由仪器根据对角线长度，自行计算得出维氏硬度值，并记录。每个试样至少测三个点以上。

2.1.5　数据记录和处理

将试样的硬度值以及所用的硬度计，记入表 2-2。

表 2-2 实验数据处理

材料	硬度计	硬度值

2.1.6 思考题

（1）试说明被测试样表面粗糙度与厚度对硬度测量结果有无影响，为什么？

（2）硬度实验时，为什么要设置一定的实验力保持时间？

2.2 材料的静拉伸实验

2.2.1 实验目的

了解万能材料实验机的构造和工作原理，掌握其操作规程及使用时的注意事项。了解典型材料的拉伸曲线和应力应变曲线。

2.2.2 实验原理

拉伸实验是将试样安装在万能材料实验机上进行的。用夹头将试样夹紧，并通过它对试样加载。利用实验机的自动绘图装置绘制出材料的受力与伸长关系曲线，即拉伸曲线。拉伸曲线图形象地描绘出样品的受力变形特征以及各阶段受力与变形之间的关系，但同一种材料的拉伸曲线会因试样尺寸不同而异。为了使同一种材料不同尺寸试样的拉伸过程及其特性点便于比较，以消除试样几何尺寸的影响，可将拉伸曲线图的纵坐标（拉力 F）除以试样的原始横截面面积 A_0，并将横坐标（伸长 ΔL）除以试样的原始标距 L_0，这样得到的曲线便与试样尺寸无关，此曲线称为应力—应变曲线，如图 2-3 所示。有时由于实样头部在实验机夹具内有轻微滑动及实验机各部分存在间隙等原因，造成图中起始阶段呈不规则曲线，分析时可将其忽略，直接把图中的直线段延长与横坐标相交于 O 点，作为其坐标原点。

从图 2-3 曲线上可以看出，拉伸实验过程分为四个阶段：

（1）弹性阶段 OE。在此阶段中的 OP 段，其应力 σ 和应变 δ 成正比关系，完全遵循胡克定律，则 OP 段称为线弹性阶段。故点 P 对应的应力称为材料的比例极限 σ_p。在此弹性阶段内可以测定材料的弹性模量 E，它是材料的弹性性质优劣的重要特征之一。实验时如果当应力继续增加达到 E 点所对应的应力 σ_e 时，则应力与应变之间的关系不再是线性关系，但变形仍然是弹性的，即卸除拉力后变形完全消失，这呈现出非线性弹性性质。故 E 点对应的应力 σ_e 称为材料的弹性极限，把 PE 段称为非线性弹性阶段。

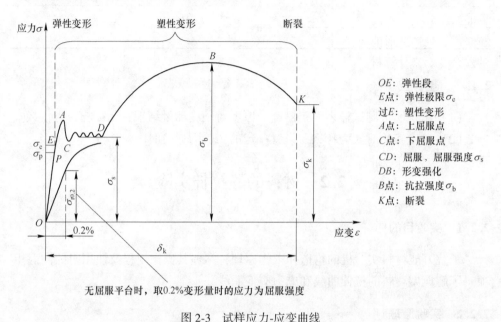

图 2-3　试样应力-应变曲线

（2）屈服阶段 ED。当应力超过弹性极限继续增加达到锯齿状曲线时，表征试样在承受的拉力不继续增加或稍微减小的情况下却继续伸长达到塑性变形发生，这种现象称为试样材料的屈服，其相对应的应力称为屈服应力（或屈服强度）σ_s。由于上屈服强度受实验速率、试样变形速率和试样形式等因素的影响不够稳定，而下屈服强度则比较稳定，故工程中一般要求准确测定下屈服强度作为材料的屈服极限 σ_s，其计算公式为

$$\sigma_s（屈服强度）= F_s（载荷）/A_0（试样原始截面积）$$

如果材料没有明显的屈服现象时，工程上常用产生规定残余延伸率为 0.2% 时的应力作为规定残余延伸强度，又称条件屈服极限 $\sigma_{r0.2}$。屈服强度（或屈服极限）是衡量材料强度性能优劣的一个重要指标。

（3）强化阶段 DB。当过了屈服阶段后，随着拉力的增加，试样伸长变形也随之增加，故拉伸曲线继续上凸升高形成 DB 曲线段，称为试样材料的强化阶段。当拉力增加达到拉伸曲线顶点 B 时，求得材料抗拉强度 σ_b。σ_b 也是衡量材料强度性能优劣的又一重要指标。

$$\sigma_b（抗拉强度）= F_b（载荷）/A_0（试样原始截面积）$$

（4）颈缩和断裂阶段 BK。对于低碳钢类塑性材料来说，在承受拉力达 F_b 以前，试样发生的变形在各处基本上是均匀的。但在达到 F_b 以后，则变形主要集中于试样的某一局部区域，在该区域处横截面面积急剧缩小，这种特征就是所谓颈缩现象。实验中试样一旦出现"颈缩"，此时拉力随即下降，直至试样被拉断，则拉伸曲线由顶点 B 急剧下降至断裂点 K，故称曲线 BK 阶段为颈缩和断裂阶段。试样拉断后，弹性变形消失，而塑性变形则保留在拉断的试样上，利用试样原始标距内的残余变形来计算材料的断后伸长率 δ_k 和断面收缩率 ψ，其计算公式为

$$\delta_k = (L_1 - L_0)/L_0 \times 100\%$$
$$\psi = (A_0 - A_1)/A_0 \times 100\%$$

式中　L_0——原始标距长度；

　　　A_0——原始横截面面积；

　　　L_1——试样断裂后标距长度；

　　　A_1——试样断裂后颈缩处最小横截面面积。

2.2.3　实验设备和材料

万能材料实验机、游标卡尺、记号笔。Q235 钢（圆棒，无缺口）、Q235 钢（圆棒，预先留有缺口）。

实验采用截面直径 $d_0 = 10\text{mm}$，标距 $L_0 = 100\text{mm}$ 的圆形标距试样。圆形试样头部应加工成双肩形或螺纹状。试样头部的具体尺寸，根据所用实验机的夹头附件确定。

2.2.4　实验方法与步骤

2.2.4.1　试样的准备

在试样两头端部打上编号。用游标卡尺测量试样的直径（或边长），计算横截面面积；测量试样的标距长度，在试样上标出原始标距，并将试样标距范围内的部分均分为 10 等分，轻轻打上标点。

2.2.4.2　实验设备的操作

本实验中所用的设备和仪器的构造原理和使用方法，详见实验室中准备的仪器说明书和操作指南。

（1）打开电源开关，进行仪器预热。开启电脑，打开实验机测试软件。

（2）根据试样，选择合适的夹具和附件。

（3）按横梁上升和下降按钮，根据试样尺寸调节横梁的位置。

（4）将试样放入夹具中，夹好试样。

（5）软件中输入试样材质，几何尺寸，并设置加载速度等相关参数，单击"开始"按钮。

（6）等测试完毕，单击"保存"按钮，保存数据。

（7）松开夹具，把试样取下。

（8）关闭电源，清洁实验台。

2.2.4.3　测量步骤

将试样夹持于实验机的夹头中，开动实验机，开始加载实验。

测量试样拉断后的标距 L_1 和缩颈处最小直径 d_1，并分别计算 δ 及 ψ。

2.2.5　数据记录和处理

测得和计算的数据记入表 2-3。

表 2-3　实验数据记录与计算

试 样 尺 寸		实 验 数 据	
实验前：		屈服载荷 $F_a =$	kN
标距 $L_0 =$	mm	最大载荷 $F_b =$	kN
直径 $d_0 =$	mm	屈服应力 $\sigma_s =$	MPa
实验后：		抗拉强度 $\sigma_b =$	MPa
标距 $L_1 =$	mm	断面收缩率 $\psi =$	
		断后伸长率 $\delta =$	

画出试样的应力应变曲线，并比较异同点。

对比分析预留缺口对材料拉伸性能的影响。

画出试样断裂后的断口形貌，并进行分析。

2.2.6　思考题

（1）在试样上预留缺口为何会影响试样的拉伸曲线？

（2）低碳钢拉伸时，当载荷加至弹性极限与断裂点之间的某一值时立即卸载，那么卸载线与横坐标轴相垂直还是倾斜，为什么？

2.3　胶黏剂拉伸剪切强度的测定方法

2.3.1　实验目的

掌握万能材料实验机的操作规程及使用时的注意事项。了解聚合物材料的拉伸曲线和应力应变曲线；掌握胶黏剂黏接强度的测定方法。

2.3.2　实验原理

试样为单搭接结构，在试样的搭接面上施加纵向拉伸剪切力，测定试样能承受的最大负荷。搭接面上的平均剪应力为胶黏剂的金属对金属搭接的拉伸剪切强度，它的常用单位是兆帕斯卡（MPa）。

使用的实验机应使试样的破坏负荷在满标负荷的 15%～85%。实验机的力值示值误差不应大于 1%。实验机应配备一副自动调心的试样夹持器，使力线与试样中心线保持一致。实验机应保证试样夹持器的移动速度在（5±1）mm/min 内保持稳定。

测量试样搭接面长度和宽度的量具精度不低于 0.05mm。

胶接试样的夹具应能保证胶接的试样符合要求。在保证金属片不破坏的情况下，试样与试样夹持器也可用销、孔连接的方法，但不能用于仲裁实验。

标准试样的搭接长度是（12.5±0.5）mm，金属片的厚度是（2.0±0.1）mm，试样的搭接长度或金属片的厚度不同对实验结果会有影响。建议便用 LY12—CZ 铝合金、1Cr18Ni9Ti 不锈钢、45 碳钢、T2 铜等金属材料。

常规实验，试样数量不应少于 5 个。仲裁实验试样数量不应少于 10 个。

对于高强度胶黏剂，测试时如出现金属材料屈服或破坏的情况，则可适当增加金属片厚度或减少搭接长度。两者中选择前者较好。

测试时金属片所受的应力不要超过其屈服强度，金属片的厚度 δ 可按下式计算：

$$\delta = (L\tau)/\sigma_s$$

式中　δ——金属片厚度；

　　　L——试样搭接长度；

　　　τ——胶黏剂拉伸剪切强度；

　　　σ_s——金属材料屈服强度。

2.3.3　试样制备

试样可用不带槽或带槽的平板制备，也可单片制备。

胶接用的金属片表面应平整，不应有弯曲、翘曲、歪斜等变形。金属片应无毛刺，边缘保持直角。

胶接时，金属片的表面处理、胶黏剂的配比、涂胶量、涂胶次数、晾置时间等胶接工艺以及胶黏剂的固化温度、压力、时间等均按胶黏剂的使用要求进行。

制备试样都应使用夹具，以保证试样正确地搭接和精确地定位。

切割已胶接的平板时，要防止试样过热，应尽量避免损伤胶接缝。

2.3.4　实验条件

试样的停放时间和实验环境应符合下列要求：试样制备后到实验的最短时间

为 16h，最长时间为 30d；实验应在温度为（23±2）℃、相对湿度为 45%~55%的环境中进行。

对仅有温度要求的测试，测试前试样在实验温度下停放时间不应少于 0.5h，对有温度、湿度要求的测试，测试前试样在实验温度下停放时间一般不应少于 16h。

2.3.5　实验步骤

（1）用量具测量试样搭接面的长度和宽度，精确到 0.05mm。

（2）把试样对称地夹在上下夹持器中，夹持处到搭接端的距离为（50±1）mm。

（3）开动实验机，在（5±1）mm/min 内，以稳定速度加载。记录试样剪切破坏的最大负荷，记录胶接破坏的类型（内聚破坏、黏附破坏、金属破坏）。

2.3.6　实验数据及结果分析

对金属搭接的胶黏剂拉伸剪切强度 T 按下式计算，单位为 MPa。

$$T = F/(bl)$$

式中　F——试样剪切破坏的最大负荷；

　　　b——试样搭接面宽度；

　　　l——试样搭接面长度。

实验结果以剪切强度的算术平均值、最高值、最低值表示。取 3 位有效数字。

2.3.7　思考题

如何操作可以提高测定结果的重现性？

2.4　材料的弯曲实验

2.4.1　实验目的

采用三点弯曲对矩形横截面试件施加弯曲力，测定其弯曲力学性能；掌握电子万能实验机的使用方法及工作原理；掌握材料弯曲性能的测试标准和方法。

2.4.2　实验原理

弯曲加载的应力状态从受拉的一侧来看，基本上和静拉伸时相同，加载方式如图 2-4 所示，实验时，把试样放置在一定跨度的支座上，其上施加集中载荷

（三点弯曲）或等弯矩载荷（四点弯曲），通过记录载荷 F 及试样最大挠度 f_{max} 之间的关系来确定试样在弯曲载荷下的力学性能。

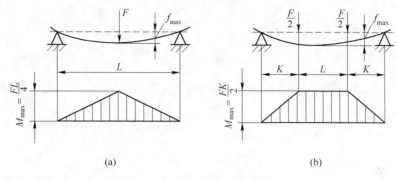

图 2-4　弯曲试样加载方法

（a）集中加载；（b）等弯矩加载

实验弯曲时，受拉侧表面的正应力 σ 可用下式计算：

$$\sigma = M/W$$

式中　M——最大弯矩，对三点弯曲 $M=FL/4$，对四点弯曲 $M=FK/2$；

　　　　W——抗弯截面系数，对于直径为 d 的圆形试样，$W=3.14d^3/32$，对于宽度为 b，高为 h 的矩形试样，$W=bh^2/6$。

弯曲弹性模量 E_b 的测定：通过配套软件自动记录弯曲力-挠度曲线（见图2-5）。

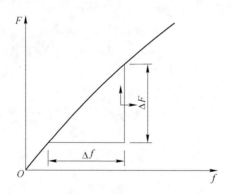

图 2-5　图解法测定弯曲弹性模量

在曲线上读取弹性直线段的弯曲力增量和相应的挠度增量，按下式计算弯曲弹性模量。其中，I 为试件截面对中性轴的惯性矩。

$$I = \frac{bh^3}{12}$$

$$E_b = \frac{L^3}{48I}\left(\frac{\Delta F}{\Delta f}\right)$$

最大弯曲应力 σ_b 的测定：

$$\sigma_b = \frac{F_b L}{4W}$$

式中　σ_b——最大弯曲应力；

　　　F_b——最大弯曲力；

　　　W——试件的抗弯截面系数。

2.4.3　实验设备和材料

万能材料实验机、游标卡尺、记号笔；实验所用试件长度为 L，截面为矩形，其中，b 为试件宽度，h 为试件高度。

2.4.4　实验方法与步骤

（1）试样准备：矩形横截面试件应在跨距的两端和中间处分别测量其高度和宽度。取用三处宽度测量值的算术平均值和三处高度测量值的算术平均值作为试件的宽度和高度。

（2）依次打开实验机电源开关，开启实验机。

（3）安装夹具，放置试件：根据试样情况选择弯曲夹具，安装到实验机上，检查夹具，设置弯曲跨距为80mm，放置好试件。

（4）打开控制电脑，双击打开实验机测试软件。

（5）在软件中，选择合适的实验方案，输入样品尺寸、位移、速度等。

（6）将弯曲压头向下，通过按"快降"和"慢降"按钮，使压头接触试样（注意快接触试样时，必需转换成慢速）。

（7）在实验主界面，选择存盘的方式及其文件名，并在实验信息区输入试样的实际测量尺寸。

（8）同时清零力和位移。单击软件中的"开始"按钮，开始实验，直至实验结束。

（9）记录数据：每个试件实验完后屏幕右端将显示实验结果。一批实验完成后单击"生成报告"按钮将生成实验报告，然后单击"导出 Excel"，单击"保存"。

（10）按控制面板上的"上升"，将横梁上移，取下试样，进行下一个实验。全部结束后，清理好机器，关断电源。

2.4.5 数据记录和处理

根据记录数据，计算试样的弯曲弹性模量、弯曲应力等，记入表2-4。

表 2-4　实验数据记录及计算结果

材料	试件宽度 b/mm	试件高度 h/mm	跨距 L/mm	最大弯曲力 $F_{\mathrm{b}}/\mathrm{kN}$	最大挠度 f/mm	弯曲弹性模量 $E_{\mathrm{b}}/\mathrm{MPa}$	最大弯曲应力 $\sigma_{\mathrm{b}}/\mathrm{MPa}$

绘制试样的弯曲载荷-挠度曲线图。

2.4.6 思考题

比较说明三点弯曲与四点弯曲实验的优缺点。

2.5　材料的冲击实验

2.5.1 实验目的

了解材料冲击实验的原理和方法；了解冲击实验机结构、工作原理及正确使用方法；掌握常温金属冲击实验方法；了解冲击试样缺口专用拉床的结构和正确使用方法。

2.5.2 实验原理

冲击实验利用的是能量守恒原理，即冲击试样消耗的能量是摆锤实验前后的势能差。实验时，把试样放在图2-6的B处，将摆锤举至高度 H 的 A 处自由落下，冲断试样即可。

摆锤在 A 处所具有的势能为

$$E_0 = mgH = mgL(1 - \cos\alpha)$$

冲断试样后，摆锤在 C 处所具有的势能为：

$$E_1 = mgh = mgL(1 - \cos\beta)$$

势能之差（E_0-E_1）即为冲断试样所消耗的冲击功 A_{K}：

$$A_{\mathrm{K}} = E_0 - E_1 = mgL(\cos\beta - \cos\alpha)$$

式中　mg——摆锤重力，N；

　　　　L——摆长（摆轴到摆锤重心的距离），mm；

　　　　α——冲断试样前摆锤扬起的最大角度；

　　　　β——冲断试样后摆锤扬起的最大角度。

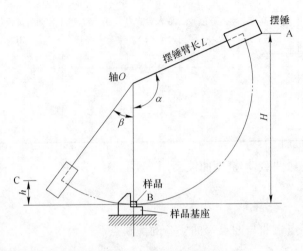

图 2-6　冲击实验原理

2.5.3　实验设备和材料

微机控制摆锤式冲击实验机、冲击试样缺口专用拉床、游标卡尺（最小刻度为 0.02mm）、钢字、手锤等；选一种钢材加工成 U 形或 V 形缺口冲击试样。

2.5.4　实验方法与步骤

（1）试样的准备：在试样端部打上编号。用棉纱擦净，测量试样尺寸。

（2）采用冲击试样缺口专用拉床对试样开缺口。

（3）将试样采用冲击实验机进行冲击实验。

（4）冲击完成后，立即刹车，并记录冲击吸收功 A_{KU}（或 A_{KV}），然后把指针拨回。

（5）用放大镜或体式显微镜观察断口形貌。

（6）实验完毕，关闭实验机电源，关闭电脑。

2.5.5　数据记录和处理

将实验所用材料，测得的冲击功和冲击韧度记入表 2-5。

表 2-5 实验数据记录表

材料	试件缺口处横截面积/cm²	冲击功/J	冲击韧度/J·cm⁻²

画出冲击试样形状及尺寸。

2.5.6 思考题

（1）冲击韧性值 A_{KU} 或（A_{KV}）为什么不能用于定量换算，只能用于相对比较？

（2）画出冲击试样形状及尺寸，并注明材料牌号及其热处理状态。

（3）为何在进行冲击实验时，韧性试样要开缺口？

2.6 水泥胶砂抗折、抗压强度测试

2.6.1 实验目的

了解和掌握水泥胶砂强度的测试方法；了解和掌握简支梁法对材料抗折性能的测试方法。

2.6.2 实验原理

水泥的强度在使用中具有重要的意义。水泥强度是指水泥试体在单位面积上所承受的外力，它是水泥的主要性能指标。水泥是混凝土的重要胶结材料，水泥强度是水泥胶结能力的体现，是混凝土强度的主要来源。水泥龄期一般分为：3天、7天、14天、21天、28天强度龄期，用28天作为混凝土的标养龄期标准主要是因为混凝土的养护时间超过28天后，强度增长很缓慢，因此用28天作为混凝土的标养龄期标准。检验水泥各龄期强度，可以确定其强度等级，根据水泥强度等级又可以设计水泥混凝土的标号。水泥强度检验主要是抗折与抗压强度检验。

2.6.2.1 抗折

材料的抗折强度一般采用简支梁法进行测定（见图 2-7）。对于均质弹性体，将其试样放在两支点上，然后在两支点间的试样上施加集中载荷时，试样将变形或断裂。由材料力学简支梁的受力分析可得抗折强度的计算公式：

$$R_f = \frac{M}{W} = \frac{\frac{P}{2} \times \frac{L}{2}}{\frac{bh^2}{6}} = \frac{3PL}{2bh^2}$$

式中　R_f——抗折强度，MPa；

　　　M——在破坏荷重 P 处产生的最大弯矩；

　　　W——截面矩量，断面为矩形时 $W = bh^2/6$；

　　　P——作用于试体的破坏荷重，kN；

　　　L——试样两支撑圆柱的中心距离，m；

　　　b——试样宽度，m；

　　　h——试样高度，m。

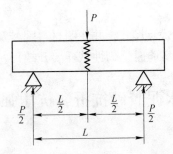

图 2-7　小梁试体抗折受力分析

在水泥胶砂试体抗折强度测试中，两支撑圆柱的中心距离 $L = 0.1$m；试样宽度 $b = 0.04$m；试样高度 $h = 0.04$m。可得

$$R_f = \frac{3PL}{2bh^2} = 2.34P$$

应当注意的是，水泥胶砂试体是由晶体、胶体、未完全水化的颗粒、游离水和气孔等组成的不均质结构体。而且在硬化过程的不同龄期，试体内晶体、胶体、未完全水化的颗粒等所占的比率不同，导致试体的强度也不相同。因此，水泥胶砂试体不是均质弹性体，而是"弹-黏-塑性体"，计算出的强度不完全代表水泥胶砂试体的真实抗折强度值，但这种近似值已能满足工程测试的要求。

材料的抗折强度一般采用电动抗折实验机进行测定，其测力原理如图 2-8 所示。在这种情况下，弯矩 M 与各量的关系为

$$M_1 = PL_1; \quad M_2 = SL_2;$$

$$M_3 = SA; \quad M_4 = QB。$$

平衡状态时：

$$M_1 = M_2；即 P = SL_2L_1；$$

$$M_3 = M_4；即 S = BQA。$$

所以：

$$P = \frac{L_2Q}{L_1A}B$$

由于仪器设定为：力臂 $L_1 = 1$ 长度单位，$A = 1$ 长度单位，$L_2 = 5$ 长度单位，$Q = 10$kg，所以：

$$P = \frac{L_2Q}{L_1A}B = \frac{5 \times 10}{1 \times 1}B = 50B$$

$$R_f = 2.34P = 2.34 \times 50B = 117B$$

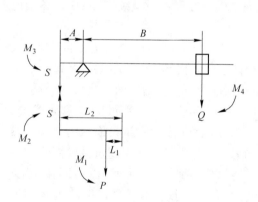 

图 2-8 电动抗折实验机

2.6.2.2 抗压

检验抗压强度一般都采用轴心受压的形式定义，其计算公式为

$$R_C = \frac{P}{F}$$

式中 R_C——抗压强度，MPa；

F——受压面积，m^2；

P——作用于试体的破坏荷重，kN。

2.6.3 实验器材

胶砂搅拌机、振实台、模具、刮平尺、电动抗折实验机、万能材料实验机。

2.6.4 实验步骤

2.6.4.1 试样成型

（1）将模具擦净，四周模板与底板接触面上应涂黄油，紧密装配，防止漏浆。

（2）色胶砂的质量配合比应为1份水泥、3份标准砂和0.5份水（水灰比为0.50）。同时制备3条抗折测试体，3个抗压测试体。

（3）先将搅拌机处于待工作状态，然后再按以下的程序进行操作。把量好的水（精确至±1mL）加入锅里，再加入称好的水泥（精确至±1g），把锅放在固定架上。上升至固定位置。然后立即开动搅拌机，低速搅拌30s后，在第二个30s开始的同时均匀地将砂子加入（当各级砂是分装时，从最粗粒级开始，依次将所需的每级砂量加完）。把机器转至高速再拌30s，停拌90s，在第1个15s内用胶皮刮具将叶片和锅壁上的胶砂刮入锅中间，在高速下继续搅拌60s。各个搅拌阶段，时间误差应在±1s以内。

（4）胶砂制备后应立即进行成型。预先将空模具和模套固定在振实台上，用一个适当勺子直接从搅拌锅里将胶砂分两层装入模具，装第一层时，每个槽里约放300g胶砂，用大播料器垂直架在模套顶部沿每个模槽来回一次将料层播平，再振实60次。再装入第二层胶砂，用小播料器播平，再振实60次。移走模套，从振实台上取下模具，用一金属直尺以近似90°的角度架在试模模顶的一端，然后沿试模长度方向以横向锯割动作慢慢向另一端移动，一次将超过试模部分的胶砂刮去，并用一直尺以近乎水平的情况下将试体表面抹平。最后在模具上标记。

（5）若使用代用设备振动台时，操作如下：在搅拌胶砂的同时将模具和下料漏斗卡紧在振动台的中心。将搅拌好的全部胶砂均匀地装入下料漏斗中，开动振动台，胶砂通过漏斗流入模具，振动（120±5）s停车，振动完毕，取下模具，用刮平尺刮去其高出模具的胶砂并抹平（方法同上），最后在模具上标记。

2.6.4.2 试样养护

将试模放入养护箱养护（温度（20±3）℃，相对湿度大于90%）。一直养护到规定的脱模时间后取出脱模。脱膜前，用防水墨汁或颜料笔对试样进行编号，对进行两个龄期以上测试的试样，在编号时应将同一试模中得到的多条试样分别编在两个以上龄期测试内。

对于24h龄期内的试样测试，应在破型实验前20min内脱模；对于24h以上龄期的试样测试，在成型后20~24h即可进行脱模。脱模应小心，以免损伤试样。如经24h养护，会因脱模对强度造成损坏时，可延迟24h后脱模，但应在测试报告中进行说明。对于已确定作为24h龄期测试的已脱模试样，应用湿布覆盖至做测试时为止。

将编号的脱模后试样立即水平或竖直放在（20±1）℃水中养护，水平放置时刮平面应朝上。试样间隔和试样上表面的水深不得小于 5min，并随时加水以保持适当的恒定水位，但不能在养护期间全部换水。

2.6.4.3 强度实验

试样必须按表 2-6 规定时间内进行强度实验。

表 2-6 各龄期强度测定时间的规定

龄期	时间	龄期	时间
24h	24h±15min	7d	7d±2h
48h	48h±30min	~>28d	28d±8h
72h	72h±45min		

试体从水中取出后，在强度实验前应用湿布覆盖。

A 抗折强度测定

擦去试体表面的附着水分和砂粒，清除夹具上圆柱表面杂物，将试体一个侧面放在抗折仪的支撑圆柱上，通过加荷圆柱以（50±30）/N 的速率均匀地将荷载垂直地加在棱柱体相对侧面上，直至折断。记录抗折强度值（记录至 0.1MPa）。

B 抗压强度测定

抗折实验后的两个断块应立即进行抗压实验。抗压实验须用抗压夹具进行。半截棱柱体中心与压力机压板受压中心差应在±0.5mm 内，整个加荷过程中应以（2400±200）N/s 的速率均匀地加荷直至半截棱柱体破坏，记录抗压强度值（记录至 0.1MPa）。

2.6.4.4 水泥强度的计算

计算抗折强度，精确至 0.1MPa。以一组 3 个棱柱体抗折结果的平均值作为实验结果。当 3 个强度值中有超出平均值±10%时，应剔除后再取平均值作为抗折强度实验结果。

计算抗压强度，精确至 0.1MPa。以一组 3 个试样上得到的 3 个抗压强度测定值的算术平均值作为实验结果。如 3 个测定值中有 1 个超出 3 个平均值的±10%，就应剔除这个结果，而以剩下 2 个的平均数为结果。如果 2 个测定值中再有超过它们平均值±10%的，则此组结果作废，应重做这组实验。

2.6.5　思考题

在水泥胶砂强度实验过程中，下列情况对测试结果有何影响？（1）试体尺寸偏大；（2）试体尺寸偏小；（3）加荷速率偏大；（4）加荷速率偏小；（5）试模涂油不均；（6）在试体成型过程中，搅拌叶片和锅没有用湿布擦湿；（7）标准砂粒度偏大。

3 材料的热性能测定

3.1 材料热分析

3.1.1 实验目的

了解差热分析和热重分析的基本原理，掌握 TG-DTA 分析的实验技术。分析聚二乙烯基苯的 TG-DTA 谱图。

3.1.2 实验原理

热分析是在程序控制温度下测量物质的物理和化学性质与温度关系的一类技术的统称，其中线性升温或降温为温度程序控制的最常用方式。在科学研究中，差热分析（DTA）、差示扫描量热（DSD）和热重分析（TG 或 TGA）是最为常用的热分析方法。

3.1.2.1 TG 分析

TG 分析是在程序控制温度下借助天平以获得物质的质量与温度关系的一种技术。图 3-1 是 TG 分析仪基本结构示意图，其中记录天平是最为重要的部分。

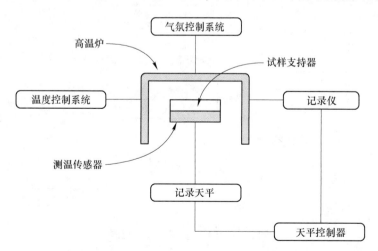

图 3-1　TG 分析仪基本结构示意图

这种热天平与常规分析天平的相同之处为它们都是精密称量仪器；不同之处是常规天平只能进行静态称量，称量时的温度一般是室温，周围气氛是大气，而热天平能自动、连续地进行动态称量与记录，称量过程中温度也不断变化，并且可采用人为手段控制试样在分析过程中的气氛。TG 谱图一般是以试样的质量百分数对温度的曲线或是试样的质量变化速度对温度的曲线来表示，后者称为微分曲线。

3.1.2.2 DTA 分析

物质在加热或冷却过程中所发生的物理或化学变化往往都伴有热效应产生，如各种类型的相变（如熔融、升华、蒸发、晶型转化等）以及氧化还原、分解等化学变化。另有一些物理变化，虽无热效应产生但热容等某些物理性质也会变化，DTA 以及由 DTA 基础上发展改进的 DSC 技术正是基于这一出发点所衍生出的热分析分支。

DTA 分析仪通常由温度控制系统、气氛调节体系以及信号变换放大和显示记录等部分构成。温度控制系统可将试样在设置的温度范围内进行诸如升降恒温等温度控制，主要元器件包括加热器（或制冷器等）、控温热电偶和程序温度控制系统，气氛调节是指为试样提供真空、保护气氛（如氮气、氩气等）和反应气氛，包括真空泵、气体钢瓶、稳压阀、稳流阀、流量计等。信号变换放大部分（如调制式直-交-直微伏直流放大器）可将由分别置于试样和参比物位置的示差热电偶所产生的电压信号加以放大。放大后的信号进入记录装置中，经处理后可以各种形式给出分析结果，如较为先进的仪器都是通过计算机处理相关数据的。图 3-2 为 DTA 仪基本构造示意图。

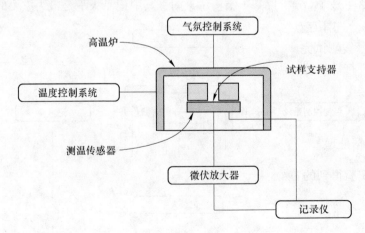

图 3-2　DTA 仪基本构造示意图

图 3-2 中参比物应具有在实验温度范围内不发生任何热效应的特点，还应使

它的热容和热导率与试样尽可能相近。这样当把参比物和试样同置于加热炉中的托架上等速升温时，前者不发生热效应，当试样暂未发生物理或化学变化时，前者与后者的温度相等，$\Delta T = 0$，在谱图中呈现一直线，反之，当试样发生物理或化学变化时，$\Delta T \neq 0$，温差电动势的峰形变化导致谱图中放热、吸热峰的产生。

另外，如果将 TG 与 DTA 两种热分析技术同时用于某一试样的分析，其分析结果的可信度能够进一步得到提高。

3.1.3 仪器装置

本实验采用德国耐驰公司 STA409PC 综合热分析仪同时进行试样的 DTA 与 TG 分析。

3.1.4 实验步骤

（1）打开恒温水浴、STA409PC 主机、TASC414/4 控制器与计算机电源。打开测试软件。一般在水浴与热天平打开 2~3h 后，可以开始测试。

（2）确认测量所使用的吹扫气情况。常用的吹扫气体有氮气、氩气、空气、氧气等。

（3）基线测试（浮力效应修正）。

准备一对质量相近的干净的空坩埚，分别作为参比坩埚与样品坩埚放到支架上，关闭炉体。测量软件输入样品名称、编号、所使用的气体及其流量等参数。选择测量所使用的温度校正文件；选择测量所使用的灵敏度校正文件。设定温度程序。升温速度一般常用 5℃/min 或 10℃/min。当只需对试样粗略分析时，可选 10℃/min 或 20℃/min；当需要对试样进行精确分析或定量计算时，可选 1℃/min 或 2℃/min。选择存盘路径，设定文件名。初始化工作条件与开始测量。

（4）基线测试完成后，可进行样品测试。

首先进行样品制备，先将空坩埚放在天平上称重，去皮（清零），随后将样品加入坩埚中，称取样品质量。天平精度至少应达到 0.01mg。将装有样品的坩埚放入炉体内，关闭炉体进行测试。

3.1.5 数据处理

解析实验得到的 DTA 和 TG 谱图，确定聚二乙烯基苯的热学性质。

3.1.6 思考题

（1）影响 TG 与 DTA 测试的实验因素有哪些，如何减弱这些不利因素的影响？

（2）热分析参比物选取的注意事项有哪些？

3.2 聚甲基丙烯酸甲酯温度形变曲线的测定

3.2.1 实验目的

通过聚甲基丙烯酸甲酯温度形变曲线的测定，了解所合成聚合物在受力情况下的形变特征。掌握温度-形变曲线的测定方法及玻璃化转变温度 T_g 的求取。

3.2.2 实验原理

当线形非晶态聚合物在等速升温条件下，受到恒定外力作用时，在不同的温度范围内表现出不同的力学行为，这是高分子链在运动单元上的宏观体现，处于不同行为的聚合物，因为提供的形变单元不同，其形变行为也不同。对于同一种聚合物材料，由于相对分子质量不同，它们的温度-形变曲线也是不同的。随着聚合物相对分子质量的增加，曲线向高温方向移动。温度-形变曲线的测定同样也受到各种操作因素的影响。主要是升温速率、载荷大小，及样品尺寸。一般来说，升温速率增大，T_g 向高温方向移动。这是因为力学状态的转变不是热力学的相变过程，而且升温速率的变化是运动松弛所决定的。而增加载荷有利于运动过程的进行，因此 T_g 就会降低。温度-形变曲线的形态及各区域的大小，与聚合物的结构及实验条件有密切关系，测定聚合物温度-形变曲线对估计聚合物使用温度的范围、制定成型工艺条件、估计相对分子质量的大小、配合高分子材料结构研究有很重要的意义。

3.2.3 实验仪器

热机械分析仪。

3.2.4 实验步骤

（1）制样。本实验样品为直径 4.5mm，厚 6mm 的圆柱形样品，所制得的样品应保证上下两个平面完全平行。

（2）压缩，针入度实验：首先将压缩实验室放入吊筒内，把升降架探出的测温探头对正插入实验室内，把吊筒缩紧在升降试架上，保证吊筒对正高温炉体内中心孔。摇动升降手轮，使吊筒进入炉体内，锁紧升降试架，把测量杆压头穿入升降试架上方孔内，同时把传感器托片对正传感器压头，紧固在测量杆压头上。调整螺旋测微仪，恒温后放上所需砝码进行实验。一个实验作完后，松开升降试架手柄，摇动升降手轮，使吊筒提出炉外，再更换另一个试样，进行下一个实验。

（3）打开计算机，进入本实验系统。进入到用户管理界面后，用户即可对本实验操作。1）在实验的种类"实验方法"窗口中选择本次实验的种类"压缩"。2）在"实验尺寸"窗口中选择本次实验的试样尺寸。3）在"载荷选配表"窗口中选择本次实验的砝码质量并加载到实验架上。4）速率的设定：根据实验方法来选择升、降温速率。升温速率：0.5~5℃/min任意设定。降温速率：0.5~2℃/min任意设定。5）根据实验的经验值设定升温的上限温度和下限温度。6）变形量的选择：根据实验的理论值来设置变形量，其中膨胀变形的最大值为0.5mm。7）实验架位移传感器的调零：当开始调零或膨胀实验调零不在零点附近时，调整实验架的位移传感器，使之在零点附近。8）当上述参数设置完成后，单击"开始实验"按钮，稍后即开始实验，开始后会出现两个界面，即温度-变形曲线和时间-温度曲线。9）打印报告：当实验完成后，蜂鸣器报警，用户必须在"实验"菜单下选择消音按钮来解除报警。在"实验"菜单下选择"打印"按钮，即弹出打印实验报告报表，用户根据报告提示输入要求的内容，连接好打印机，选择"确定"按钮，即可打印报告和实验的变形曲线。

3.2.5 数据处理

根据温度-形变曲线，求出转变温度。将所得的温度-形变曲线转换为模量-温度曲线。

3.2.6 思考题

升温速度对温度-形变曲线有什么影响？

3.3 视差法测定材料线膨胀系数

3.3.1 实验目的

掌握视差法测定材料线膨胀系数的原理和方法。

3.3.2 实验原理

无机材料的线膨胀系数为 $50 \times 10^{-7} \sim 100 \times 10^{-7}/K$，而石英的线膨胀系数为 $5.7 \times 10^{-7}/K$，两者的膨胀性能差别较大，因此可以用视差法测定，如图3-3所示。

千分表的读数：

$$\Delta L = \Delta L_1 - \Delta L_2$$

试样的净伸长：

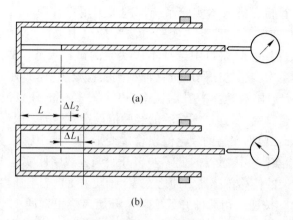

图 3-3 视差法测定原理

（a）加热前；（b）加热后

$$\Delta L_1 = \Delta L + \Delta L_2$$

试样的线膨胀系数：

$$\alpha = \big[\,(\Delta L + \Delta L_2)/L\,\big]\Delta t = (\Delta L/L)\cdot\Delta t + (\Delta L_2/L)\cdot\Delta t$$

其中 $(\Delta L_2/L)\cdot\Delta t = \alpha_{石}$

$$\alpha = \alpha_{石} + (\Delta L/L)\cdot\Delta t$$

3.3.3 实验步骤

（1）试样准备。

1）必须选取无缺陷的材料，尺寸：直径为 5~6mm，长为 60±0.1mm。

2）把试样两端磨平，用千分卡尺精确量出长度。

（2）试样的安装。

1）下降炉体，使石英管平台露出，放上被测试样、石英玻璃和石英玻璃管。上升炉体，使被测试样处于炉膛中间位置。

2）调整被测试样，石英玻璃棒和千分表顶杆成一条线，并保持在石英玻璃管的中心轴区。

3）试样与石英玻璃棒要紧紧接触使试样的膨胀增量及时传递给千分表，一般要使千分表顶杆紧至指针转动 2~3 圈，再旋转千分表的刻度盘，使指针正好指在 0 刻度的位置。

（3）检查通电线路。

1）上升管式电炉，使试样位于电炉中心位置。

2）接通电源，以 3℃/min 的速度升温，每隔 1min 记一次千分表的读数和温度的读数，直到千分表上的读数向后退为止。

注意事项：升温速度不宜过快，控制 2~3℃/min，并维持整个过程的均匀温度。实验过程中，不要触动仪器，也不要震动实验台桌。

3.3.4 实验数据

将实验数据记录在表 3-1 中。

表 3-1 实验数据记录表

试样温度 $t/℃$	千分表读数 $\Delta L/mm$	试样伸长值 L/mm

$$\alpha = \frac{\Delta L \cdot \Delta t}{L_1}（多次计算取平均值）$$

3.3.5 思考题

哪些类型的试样可以采用视差法测定线膨胀系数？

3.4 基于稳态法原理的热导系数测定

在现代建筑物中，为了保护生态环境，节约能源，需要大量具有隔热、保温等功能的无机非金属材料，这些材料具有一系列的热物理特性。为了合理地使用与选择有关的功能材料，需要用其热物理特性进行热工计算。所以，了解和测定材料的热物理特性是十分重要的。

材料的热物理参数有热导率、导温系数、比热容等。测定方法有稳定热流法和非稳定热流法两大类。每大类中又有多种测定方法。在稳态法中，先利用热源在待测样品内部形成一稳定的温度分布，然后进行测量。在动态法中，待测样品中的温度分布是随时间变化的。例如呈周期性的变化等。本实验采用稳态法进行测量。

3.4.1　实验目的

加深对稳定导热过程基本理论的理解；掌握用导热仪测定材料热导率的方法；确定材料热导率与温度的关系；测定橡胶盘、空气、铝合金棒的导热系数。

3.4.2　实验原理

在现代工程中，测定材料热导率的稳定态热流方法以其原理简单、计算方便而被广泛应用。平板导热仪即为其中的仪器之一，主要用于测定块体干燥材料的热导率。

不同材料的热导率相差很大，一般说，金属的热导率在 2.3~417.6W/(m·K) 范围内，建筑材料的热导率为 0.16~2.2W/(m·K)，液体的热导率波动于 0.093~0.7W/(m·K)，而气体的热导率则最小，在 0.0058~0.58W/(m·K) 范围内。即使是同一种材料，其热导率还随温度、压强、湿度、物质结构和密度等因素不同而变化。各种材料的热导率数据均可从有关资料或手册中查到，但由于具体条件如温度、结构、湿度和压强等条件的不同，这些数据往往与实际使用情况有出入，需进行修正。热导率低于 0.22W/(m·K) 的一些固体材料称为绝热材料，由于它们具有多孔性结构，传热过程是固体和孔隙的复杂传热过程，其机理复杂。为了工程计算的方便，常常把整个过程当作单纯的导热过程处理。

1882 年法国数学家、物理学家傅里叶给出了一个热导体导热的基本公式——傅里叶导热方程式。该方程式指出，在物体内部，取两个垂直于热传导方向、彼此相距为 h、温度分别为 θ_1 和 θ_2 的平行面（$\theta_1 > \theta_2$），若平面面积均为 S，在单位时间内通过面积 S 的热量满足下述表达式：

$$\frac{\partial Q}{\partial t} = \lambda S \frac{\theta_1 - \theta_2}{h}$$

式中　$\dfrac{\partial Q}{\partial t}$——热流量；

$\quad\quad\quad\lambda$——该物质的热导率（又称导热系数），λ 在数值上等于单位长度的两平面的温度相差 1 个单位时，在单位时间内通过单位面积的热量，W/(m·K)；

$\quad\quad\quad S$——传热面积，m^2；

$\quad\theta_1$，θ_2——两个测量点的温度，K；

$\quad\quad\quad h$——两个测量点之间的距离，m。

DC-Ⅱ型导热系数测定仪原理如图 3-4 所示，在支架 D 上先后放上散热盘 P、待测样品（圆盘形不良导体）B 和厚底紫铜圆筒 A。在 A 的上方加热，使样品上、下表面各维持稳定的温度 θ_1 和 θ_2，它们的数值分别用安插在 A、P 侧面深孔中的热电偶 F 来测量。F 的冷端浸入盛于杜瓦瓶 G 内的冰水混合物中。I 为双向开关，用以变换上、下热电偶的测量回路。数字式电压表 H 用以测量温差电动势。由上式可知，单位时间内通过待测样品 B 任一圆截面的热流量为

$$\frac{\partial Q}{\partial t} = \lambda \frac{\theta_1 - \theta_2}{h} \pi R^2$$

式中　R——圆盘样品的半径；

　　　h——样品厚度。

当传热达到稳定状态时，θ_1 和 θ_2 的值将稳定不变，这时可认为发热盘 A 通过圆盘样品上表面的热流量由散热盘 P 向周围环境散热的速率相等。因此，可通过散热盘 P 在稳定温度 θ_2 时的散热速率求出热流量 $\frac{\partial \theta}{\partial t}$。

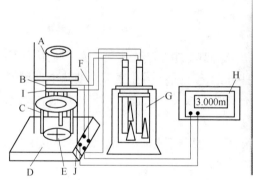

图 3-4　DC-Ⅱ型导热系数测定仪

A—带电热板的发热盘；B—样品；C—螺旋头；D—样品支架；E—风扇；F—热电偶；

G—真空保温杯；H—数字电压表；I—散热盘；J—双向开关

3.4.3　实验器材

圆铜盘、待测样品（圆盘形不良导体，长棒形铝合金）、紫铜圆筒、数字式电压表、DC-Ⅱ型导热系数测定仪、游标卡尺。

3.4.4　实验步骤

当读得稳态时 θ_1 和 θ_2 后，将样品 B 移去，使发热盘 A 的底面与散热盘 P 直

接接触。当散热盘 P 的温度上升到比稳定时的值 θ_2 高出 1mV 左右时，再将发热盘 A 移去，让散热盘 P 冷却电扇仍处于工作状态，每隔 30s 读一下散热盘的温度示值，选取临近 θ_2 的温度数据，然后由此求出散热盘 P 在 θ_2 的冷却速率 $\left.\dfrac{\partial \theta}{\partial t}\right|_{\theta=\theta_2}$，则 $\left. mc\dfrac{\partial \theta}{\partial t}\right|_{\theta=\theta_2} = \dfrac{\partial Q}{\partial t}$（$m$ 为散热盘 P 的质量，c 为其比热容）就是散热盘在温度为 θ_2 时的散热速率，将其代入下式可计算得出导热系数

$$\lambda = \left. mc\frac{\partial \theta}{\partial t}\right|_{\theta=\theta_2} \times \frac{h}{\theta_1 - \theta_2} \times \frac{1}{\pi R^2}$$

式中，$m=1\text{kg}$，$c=0.39\text{kJ/(kg·K)}$

注意事项：

（1）稳态法必须得到稳定的温度分布，这就要等待较长的时间，为了提高效率，可先将加热电源电压升高到 180～200V，加热约 20min 后再降至 130～150V。然后，每隔 2~5min 读一下温度示值，如在 10min 内样品上、下表面温度 θ_1 和 θ_2 示值都不变，即可认为已经达到稳定状态。记录稳态时 θ_1 和 θ_2 值后，移去样品，再加热。当铜盘温度比 θ_2 高出 10℃ 左右时，移去圆筒 A，让散热盘 P 自然冷却。每隔 30s 读一次散热盘 P 的温度示值，最后选取邻近 θ_2 的测量数据来求出冷却速率 $\left.\dfrac{\partial \theta}{\partial t}\right|_{\theta=\theta_2}$ 的值。

（2）放置圆筒、圆盘时，须使放置热电偶的洞孔与杜瓦瓶、数字毫伏计位于同一侧。热电偶插入小孔时，要抹上些硅油，并插到洞孔底部，使热电偶测温端与铜盘接触良好。热电偶冷端插在滴有硅油的细玻璃管内，再将玻璃管浸入冰水混合物中。

（3）样品 B 和散热盘 P 的各几何尺寸，均可用游标卡尺多次测量取平均。散热盘的质量（约 1kg）可用药物天平称量。

（4）实验选用铜—康铜热电偶测温度，温差 100℃ 时，其温差电动势约 4.2mV。

由于热电偶冷端温度为 0℃，对一定材料的热电偶而言，当温度变化范围不太大时，其温差电动势（mV）与待测温度（℃）的比值是一个常数。由此，在用导热公式计算时，可直接以电动势值代表温度值。

3.4.5　思考题

（1）简述金属、非金属建筑材料、气体导热性能差异大的原因。

（2）用本实验方法测定材料的热导率是对什么温度而言的？

3.5 基于动态法原理的热导系数测定

3.5.1 实验目的

了解依据非稳定导热原理，计算材料的导热系数、传热系数、蓄热系数、导温系数和比热等物理量的方法；掌握复合材料导热系数的测定方法。

3.5.2 实验原理

仪器是以非稳定导热原理为基础，在实验材料中短时间加热，使实验材料的温度发生变化，根据其变化的特点，通过导热微分方程的解，便可计算出实验材料的导热系数、传热系数、蓄热系数、导温系数和比热。

根据非稳态导热原理建立的热工性能实验装置是由电源、测温仪表及一个面加热器和放置在加热器两侧相同材料的三块试件及测温热电偶组成。仪器装置共分三部分：

（1）试件部分。包括试件，试件台及夹具。为便于放置热电偶及加热器，试件分成三块（两块厚、一块薄），试件之间夹以热电偶与加热器，并用夹具固紧。

（2）加热系统。包括加热器，数显可编程电源。加热器是用直径为 0.25mm 的康铜丝绕成三段并联的形式，并用薄的绝缘绸布固定。数显可编程电源可精确显示通过加热电器的电流值、电压值、功率。

（3）温度测量系统。温度测量采用直径为 0.1mm 的铜—康铜热电偶，测量温度的仪表是 AL708 高精度数显温度表。

3.5.3 实验设备及材料

（1）试件三块为一组，其中两块厚，一块薄。试件的长和宽一般等于或大于薄试件厚度的 8 倍，厚试件和薄试件厚度比应为 3∶1，通常试件尺寸为：薄试件一块 20cm×20cm×（1.5~3）cm，厚试件两块 20cm×20cm×（6~10）cm。

若知材料导温系数时，薄试件厚度可按表 3-2 所列数值选用。

表 3-2　实验材料

材料的导温系数 $a/m^2 \cdot h^{-1}$	薄试件的厚度 δ/mm
$\leqslant 1 \times 10^{-3}$	15~20
$\geqslant 1 \times 10^{-3}$	20~30

（2）一组试件必须为同一配比，其容重差应小于 5%。

（3）试件两表面应平行，且厚度应均匀。薄试件平面度应小于试件厚度的1%。各试件的接触面应平整且结合紧密。

（4）粉状材料用围框的办法按上述要求处理。

（5）考虑材料的不均匀性，每种材料应取样3~5组。

3.5.4 实验步骤

3.5.4.1 测试前准备工作

（1）冰瓶中加入冰水混合物，热电偶冷端放入冰水混合物中。

（2）开启电源开关。

（3）称量三块试样的质量、测量其尺寸，计算密度。

（4）将试样放在试样台上，放上热电偶及加热器；热电偶的结点放在试样的中心，然后夹紧夹具。注意：不要使试样变形。

（5）试样的初始温度在10min内变化小于±1.0℃，并且薄试样上下表面温度差小于0.5℃，可以开始实验。

3.5.4.2 手动测量部分

（1）记录上表面温度 T'_0，下表面温度 T_0。

（2）根据加热器、试样厚度、试样密度选取合适电压，调节电源上旋钮到合适电压，按 OUT ON/OFF 开关，输出电压，并同时开启计时开关。

（3）记录加热器的功率值 P（可在电源显示屏上读取）。

（4）当加热时间为4~5min，并且 $\theta(0, t_1) \geqslant 10℃$ 时，记录时间 t_1 及下加热面热电偶温度值为 T_1。

（5）当上表面热电偶温度比 T_0 高出相当于4~5℃时，记录计时器读数，即时间 t'，而热电偶温度值为 T'，此时，要求 t' 与 t_1 的间隔时间小于或等于1min。

（6）按 OUT ON/OFF 开关，并同时记录计时器读数，即时间为 t_2 时，t_2 既可以等于 t'，也可以大于 t'。当 $t_2>t'$ 时，要求 t_2 与 t' 之间的时间间隔不超过30s。

（7）由于加热停止，热源面上的温度逐渐下降，待 t_3 比 t_2 长3~5min后，记录计时器的读数，即时间 t_3，而加热面热电偶温度值为 T_2。

3.5.4.3 仪器自动测量部分

（1）启动 DRM 热工性能测定仪软件，进入测试界面。

（2）输入试样质量、长、宽、高，然后单击"确认"按钮。

（3）按"自动测试"键，进入自动测试状态，实验步骤栏中显示自动测试过程。完成后，自动显示导热系数、导温系数、比热。

（4）按"打印报告"键，可另存和打印报告。

3.5.5 测量结果的计算

（1）试样容重（密度）按下式计算：

$$\rho = m/V$$

式中，m 为试样质量，kg；V 为试样体积，m³；ρ 为 3 块试样的平均容量，kg/m³。

（2）试样质量的含水率：

$$W_2 = (m_2 - m_1)/m_1$$

式中，m_1 为干试样质量，kg；m_2 为湿试样重量，kg。

（3）材料的导温系数、导热系数及比热分别按下列几式计算：

1）函数 $B(y)$ 值

$$B(y) = \frac{\theta'(0,\ t')\ \sqrt{t_1}}{\theta(0,\ t_1)\ \sqrt{t'}}$$

式中，t' 薄试样上表面过余温度，℃，相对应的时间为 h；t_1 升温过程中，热源面上的过余温度，℃，相对应的时间为 h；

2）导温系数

根据 $B(y)$ 查表得 y^2 值，则

$$a = \frac{d^2}{4t'y^2}\ （单位为\ m^2/h）$$

式中，d 为薄试样的厚度，m。

3）导热系数：

$$\lambda = \left[P\sqrt{a}\left(\sqrt{t_3} - \sqrt{t_3 - t_2}\right)\right]/\left[S \cdot \theta(0,\ t_1)\ \sqrt{\pi}\right]（单位为\ W/(m \cdot K)）$$

式中，t_1 升温过程中，热源面上的过余温度，℃，相对应的时间为 h；t_2 为关闭热源的时间，h；t_3 降温过程中，热源面上的过余温度，℃，相对应的时间为 h；P 为加热器的功率，W/m²。

4）比热：

$$C = 3.6\lambda/(a \cdot \rho)\ \left[单位\ kJ/(kg \cdot K)\right]$$

加热器单位面积的功率

$$Q = P/S$$

式中，S 为加热器的面积，m²。

3.5.6 思考题

影响材料导热系数的主要因素是什么？

3.6 树脂基复合材料热变形温度及维卡软化点的测定

3.6.1 实验目的

学会便用热变形温度—维卡软化点测定仪；了解塑料在受热情况下变形温度

测定的物理意义；掌握塑料的维卡软化点的测试方法。测定 PP、PS 等试样的维卡软化点。

3.6.2　实验原理

塑料试样浸在一个等速升温的液体传热介质中，甲基硅油在简支架式的静弯曲负载作用下，试样达到规定形变量值时的温度，为该材料的热变形温度（HDT）。

聚合物的耐热性能，通常是指它在温度升高时保持其物理机械性质的能力。聚合物材料的耐热温度是指在一定负荷下，其到达某一规定形变值时的温度。发生形变时的温度通常称为塑料的软化点。因为使用不同测试方法各有其规定选择的参数，所以软化点的物理意义不像玻璃化转变温度那样明确。常用维卡耐热和马丁耐热以及热变形温度测试方法测试塑料耐热性能。不同方法的测试结果相互之间无定量关系，它们可用来对不同塑料做相对比较。

维卡软化点是测定热塑性塑料于特定液体传热介质中，在一定的负荷，一定的等速升温条件下，试样被 $1mm^2$ 针头压入 1mm 时的温度。本方法仅适用于大多数热塑性塑料。

实验测得的热变形温度和维卡软化点仅适用于控制质量和作为鉴定新品种热性能的一个指标，不代表材料的使用温度。

3.6.3　实验仪器及试样

3.6.3.1　仪器

本实验采用热变形温度-维卡软化点测定仪。热变形温度测试装置原理如图 3-5 所示。加热浴槽选择对试样无影响的传热介质甲基硅油，室温时黏度较低。等速升温速度为（120±1.0）℃/h。两个试样支架的中心距离为 100mm，在支架的中点能对试样施加垂直负载，负载杆的压头与试样接触部分为半圆形，其半径为（3±0.2）mm。

实验时必须选用一组大小适合的砝码，使试样受载后的最大弯曲正应力为 18～5kg/cm² 或 4.6 kg/cm²，应加砝码的质量由下式计算：

$$W = (2\sigma bh^2/3L) - R - T$$

式中　W——应加载砝码质量，kg；

　　　σ——设定的试样最大弯曲正应力，设定为 18.5kg/cm² 或 4.6 kg/cm²；

　　　b——试样宽度，标准试样的宽度为 10mm；

　　　h——试样高度，标准试样高度为 15mm；

　　　L——试样支架两支座中间的距离，标准距离为 100mm；

　　　R——负载杆及压头的质量，kg；

  T——变形测量装置对试样施加的附加力，kgf，换算成施加等质量砝码的质量，kg。

  对于本实验所用热变形温度-维卡软化点测定仪，其负载杆及压头的质量和对试样施加的附加力之和（即 *R+T*）为 0.088kg。测量形变的位移传感器精度为 ±0.01mm。

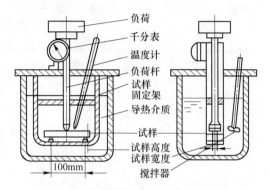

图 3-5 热变形温度实验装置示意图

  维卡软化点温度测试原理如图 3-6 所示。负载杆压针头长 3～5mm，横截面积为 (1.000 +0.015)mm^2，压针头平端与负载杆成直角，不允许带毛刺等缺陷。加热浴槽选择对试样无影响的传热介质甲基硅油，室温时黏度较低。可调等速升温速度为 (50±5)℃/h，试样承受的静负载 $G = W + R + T$（其中，*W* 为砝码质量；*R* 为压针及负载杆的质量；*T* 为变形测量装置附加力），本实验装置 *R+T* 为 0.088kg。负载有两种选择：$G_A = 1kg$；$G_E = 5kg$，测量形变的位移传感器精度为 ±0.01mm。

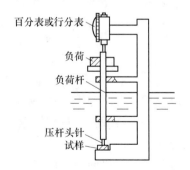

图 3-6 维卡软化点实验装置示意图

3.6.3.2 试样

热变形温度测定实验中，试样截面是矩形的长条，试样表面平整光滑，无气泡，无锯切痕迹或裂痕等缺陷。其尺寸规定如下：

（1）模塑试样，长 $L=120$mm，高 $h=15$mm>宽 $b=10$mm。

（2）板材试样，长 $L=120$mm，高 $h=15$mm，宽 $b=3\sim13$mm（取板材原厚度）。

（3）特殊情况下，可以用长 $L=120$mm，高 $h=9.8\sim15$mm，宽 $b=3\sim13$mm，中点弯曲变形量必须用表 3-3 规定值。每组试样最少两个。

表 3-3　试样高度与相应变形量要求

试样高度 h/mm	相应变形量/mm	试样高度 h/mm	相应变形量/mm
9.8~9.9	0.33	12.4~12.7	0.26
10~10.3	0.32	12.8~13.2	0.25
10.4~10.6	0.31	13.3~13.7	0.24
10.7~11.0	0.30	13.8~14.1	0.23
11.0~11.4	0.29	14.2~14.6	0.22
11.5~11.9	0.28	14.7~15.0	0.21
12.0~12.3	0.27		

维卡实验中，试样厚度为 $3\sim6.5$mm，宽和长至少为 10mm×10mm，或直径大于 10mm。试样的两面平行，表面平整光滑、无气泡、无锯齿痕迹、凹痕或裂痕等缺陷。每组试样为两个。

模塑试样厚度为 $3\sim4$mm。板材试样厚度取板材厚度，但厚度超过 6mm 时，应在试样一面加工成 $3\sim4$mm；如厚度不足 3mm 时，则可由不超过 3 块的试样叠合成厚度大于 3mm。

3.6.4　实验步骤

（1）安装压针或压头。

（2）接通电源，按下电源按钮，电源指示灯亮。

（3）进行主试样的安放，并进行载荷计算和加载。

（4）设定升温速率和温度上限。

（5）千分表调零后，打开搅拌电机使介质均匀加热，然后启动实验。

（6）需要重新启动或重新设置参数时，按"复位"键。

（7）在实验过程中，当试样到达指定变形量后，记录数据。

（8）实验结束后立即把试样取出，以免试样融化或掉在介质箱中。

（9）按"读"键，查询实验数据，并计算其平均值。

3.6.5 实验数据

记录实验数据，取平均值。

3.6.6 思考题

升温速率对测试结果有什么影响？

4 材料的电性能测定

4.1 材料的电阻率测定

4.1.1 实验目的

了解不同材料的电阻性能的差异；掌握不同材料电阻的测定方法和原理；掌握不同材料电阻的测试操作；掌握不同材料电阻率的分析。

4.1.2 实验原理

物体之所以导电是由于内部存在的各种载流子在电场作用下沿电场方向移动的结果。固体介质的电导分为两种类型：即离子电导和电子电导。对于一般材料，特别是用作绝缘材料的固体介质，正常条件下起主要作用的是离子电导，而当温度和电场强度增加时，电子电导的作用会增大。衡量材料导电难易程度的物理量为电阻率（p）或电导率（σ）。通常将电阻率小于 $10^{-3}\Omega \cdot m$ 的固体材料称为导体；电阻率大于 $10^{8}\Omega \cdot m$ 的固体材料称为绝缘体；电阻率介于两者之间的材料称为半导体。

对材料的导电性能研究通常需要测量材料的总电阻、表面电阻率、体积电阻率等。

（1）总电阻。总电阻是表示材料阻止电流通过能力的物理量，它等于施加在样品上直流电压与流经电极间的稳态电流之比，即 $R=V/I$。

由图 4-1 可知，稳态电流包括流经试样体内电流 I_V 与试样表面电流 I_S 两项，即 $I=I_V+I_S$，则

$$\frac{1}{R} = \frac{1}{R_V} + \frac{1}{R_S} = \frac{I_V}{V} + \frac{I_S}{V}$$

式中　R_V——试样体积电阻；

　　　R_S——试样的表面电阻。

表明绝缘电阻实际上是体积电阻与表面电阻的并联。

（2）体积电阻率。体积电阻率的定义是沿体积电流方向的直流电场强度与稳态体积电流密度之比。即 $\rho_V = \dfrac{E_V}{j_V}$。对于图 4-1 的电路则可写成：

$$\rho_V = R_V \frac{S}{t}$$

式中　S——电极的有效面积；

　　　t——两电极间的距离。

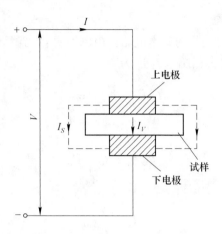

图 4-1　体积电阻、表面电阻

（3）表面电阻率。表面电阻率的定义是沿表面电流方向的直流电场强度与稳态下单位宽度的电流密度之比，即 $\rho_V = \dfrac{E_S}{j_S}$。表面电阻率是衡量材料漏电性能的物理量。

它与材料的表面状态及周围环境条件（特别是湿度）有很大的关系。对图 4-2的电路，可写成：

$$\rho_S = \frac{E_S}{j_N} = \frac{b}{a} R_S$$

式中　b——电极的周长；

　　　a——两电极间的距离。

测定材料电阻的方法很多，主要有伏安法、电桥法、四端电极法（或者四探针法）以及高阻计法。

在测试材料的电阻过程中必将涉及电路中的导线、导线接头或器件触点接触电阻、测量仪表的内阻以及与被测电阻间的连接关系，阻值比例等多种因素都会对影响测量结果的精确度。在许多情况下，测量误差是不可忽略的。因此，为了提高电阻测量的精确度，对于不同阻值范围的材料或器件设计了不同的测量方法。例如采用三电极系统测量 MΩ 级以上的高电阻，采用电桥法测量 Ω 和 kΩ 级的电阻等。但在高导电率材料或小电阻器件的电阻测量之中，不仅电路中的接触电阻不可以忽略不计，甚至导线的电阻都不是无穷小量。而具体采用哪种方式测试，需要了解不同测试方法的特点以及相应材料本身性质情况来确定。下面从原理上简单介绍电阻测试的几种主要方法。

4.1.2.1 高阻计法

A 仪器测试原理

图4-2为高阻计法测量的基本电路，由图可见：当测试直流电压 V 加在试样 R_x 和标准电阻 R_0 上时，回路电流 I_x 为

$$I_x = \frac{V}{R_x + R_0} = \frac{V_0}{R_0}$$

整理上式得

$$R_x = \frac{V}{V_0}R_0 - R_0$$

实际上 R_x 远大于 R_0，近似得

$$R_x = \frac{V}{V_0}R_0$$

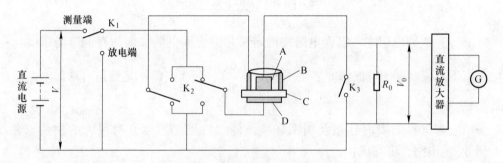

图4-2 高阻计测量的基本电路示意图

K_1—测量与放电开关；K_2—转换开关；K_3—输入短路开关；R_0—标准电阻；

A—测量电极；B—保护电极；C—待测电阻为 R_x 的待测试样；D—对电极；G—数字电流计

可见，R_x 与 V_0 成反比。如果将不同 V_0 值所对应的 R_x 值刻在高阻计的表头上，便可直接读出被测试样的阻值。

B 电极系统

图4-3是通常采用的平板试样三电极系统。采用这种三电极系统测量体积电阻时，表面漏电流由保护电极旁路接地。而测量表面电阻时，体积漏电流会由保护电极旁路接地。这样便将试样体积电流和表面电流分离，从而可以分别测出体积电阻率和表面电阻率。在测试过程中，三电极系统和试样都必须置于屏蔽箱内。

体积电阻率 ρ_V：

$$\rho_V = \frac{E_V}{j_V} = \frac{V}{t} \bigg/ \frac{I_S}{S} = \frac{V}{I_V} \cdot \frac{\pi D_1'^2}{4t} = R_V \cdot \frac{\pi D_1'^2}{4t}$$

式中　D_1'——测量电极的有效直径；

　　　t——试样的厚度。

表面电阻率 ρ_S：

$$\rho_S = \frac{E_S}{j_S} = \frac{V}{r\ln\dfrac{r_2}{r_1}} \bigg/ \frac{I_S}{2\pi r} = \frac{V}{I_S} \cdot \frac{2\pi}{\ln\dfrac{D_2}{D_1}} = R_S \cdot \frac{2\pi}{\ln\dfrac{D_2}{D_1}}$$

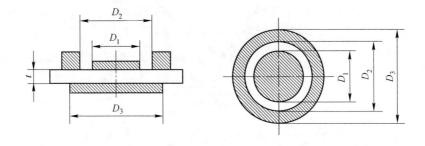

图 4-3　平板试样三电极系统

在实验测量中还要注意电极材料的选择。电极材料应选取能与试样紧密地接触的材料，而且不会因施加外电极引进杂质而造成测量误差，还要保证测量使用的方便、安全等。常用的电极材料有退火铝箔、喷镀金属层、导电粉末、烧银、导电橡胶、黄铜和水银电极等。

4.1.2.2　四探针法

对于微电阻或小电阻，特别是电阻率的测量，常使用四点探针（four point probe）来完成。这种方法具有以下特点：一是当样品尺寸很大时，样品尺寸、形状等几何参数对测量结果不产生影响，因此不必制作特殊规格的试样，二是可在工件、器件或设备上直接测量电阻率。

四探针法的原理如图 4-4 所示。前端精磨成针尖状的 1、2、3、4 号金属细棒中，1、4 号和高精度的直流稳流电源相连，2、3 号与高精度（精确到 $0.1\mu V$）数字电压表或电位差计相连。四根探针有两种排列方式，一是四根针排列成一条直线（见图 4-4（a）），探针间可以是等距离也可是非等距离；二是四根探针呈正方形或矩形排列（见图 4-4（b））。对于大块状或板状试样（尺寸远大于探针间距），两种探针排布方式都可以使用；而于细条状或细棒状试样，使用第二种方式更为有利，当稳流源通过 1、4 探针提供给试样一个稳定的电流时，在 2、3 探针上测得一个电压值 V_{23}。本实验采用第一种探针排布形式，其等效电路图如图 4-5 所示。

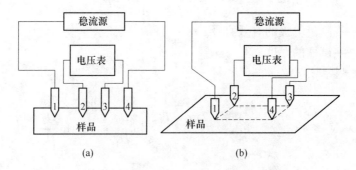

(a)　　　　　　　　　　　　　　　　(b)

图 4-4　四探针法测量电阻的原理示意图

（a）呈直线排列；（b）呈正方形或矩形排列

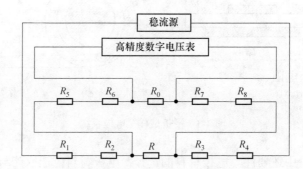

图 4-5　四探针法测量电阻的等效电路图

R_1、R_4、R_5、R_8—导线电阻；R_2、R_3、R_6、R_7—接触电阻；

R_0—数字电压表内阻；R—被测电阻

对于图 4-5 所示的系统中，显然稳流电路中的导线电阻（R_1、R_4）和探针与样品的接触电阻（R_2、R_3）与被测电阻（R）串联在稳流电路中，不会影响测量的结果。在测量回路中，R_5、R_6、R_7、R_8 和数字电压表内阻 R_0 串联，其总电阻 $R' = R_5 + R_6 + R_7 + R_8$ 在电路中与被测电阻 R 并联，其总的电阻为

$$R = \frac{R(R_0 + R_5 + R_6 + R_7 + R_8)}{R + R_0 + R_5 + R_6 + R_7 + R_8}$$

当被测电阻很小（例如小于 1Ω），而电压表内阻很大时，R_5、R_6、R_7、R_8 和 R_0 对实验结果的影响在有效数字以外，测量结果足够精确。

对于三维尺寸都远大于探针间距的半无穷大试样，其电阻率为 ρ，探针引入的点电流源的电流强度为 I，则均匀导体内恒定电场的等电位面为一系列球面。

以 r 为半径的半球面积为 $2\pi r^2$，则半球面上的电流密度为

$$j = I/2\pi r^2$$

由电导率 σ 与电流密度的关系可得到这个半球面上的电场强度为

$$E = j/\sigma = I/2\pi r^2\sigma = \rho I/2\pi r^2$$

则距点电源 r 处的电势为

$$V = \rho I/2\pi r$$

显然导体内各点的电势应为各点电源在该点形成的电势的矢量和，进一步分析得到导体的电阻率：

$$\rho = 2\pi \frac{V_{23}}{I}\left(\frac{1}{r_{12}} - \frac{1}{r_{24}} - \frac{1}{r_{13}} + \frac{1}{r_{34}}\right)^{-1}$$

式中　　　　　　　V_{23}——图 4-4 中 2 号和 3 号探针间的电压值；

$r_{ij}(i, j = 1, 2, 3, 4)$——$i$ 号和 j 号探针间的间距。当四根探针处于同一平面并且处于同一直线上，并且有 $r_{12} = r_{23} = r_{34} = S$ 时，试样的电阻率：

$$\rho = 2\pi S U/I$$

而当试样尺寸很大时，由于测量回路电阻与样品并联，根据上式，测量回路和电流回路中电阻对测量结果也不会产生不可忽略的影响。因此无论样品的电阻大小，只要其尺寸足够大，则其测量结果足够精确。正是这个原因，四探针法不仅可用于测量小电阻，也常常应用于如半导体等具有较大电阻率材料电阻的测量，但与探针间距相比，不符合半无穷大条件的试样，ρ 的测量结果则与试样的厚度和宽度（垂直于探针所在直线方向的尺寸）有关，对于非规则试样，自然也与其试样的形状有关。因此，上式则变为

$$\rho = 2\pi S f(y, z)f(\xi)/I$$

式中　$f(y, z)$——尺寸修正系数；

　　　$f(\xi)$——形状修正系数。

而当四根探针处于同一平面并且处于同一直线上，并且有 $r_{23} = S$ 时，对于宽度和厚度都小于探针间距的条形试样，采用：

$$\rho = V_{23}WH/IS$$

计算的电阻率与材料的真值间的误差不超过 3%。其中，W 为试样的宽度，H 为样品的厚度，S 为探针间距。

四探针法测量电阻的一个重要特点是测量系统与试样的连接非常简便，只需将探头压在样品表面确保探针与样品接触良好即可，无需将导线焊接在试样表面。这在不允许破坏试样表面的电阻实验中优势明显。

4.1.2.3　电桥法

一般导线本身以及和接点处引起的电路中附加电阻值大于 0.1Ω，这样在测低电阻时就不能把它忽略掉。对惠斯通电桥加以改进而成的双臂电桥（又称开尔文电桥）消除了附加电阻的影响，适用于 $10^{-5} \sim 10^{-2}\Omega$ 电阻的测量。考察接线电

阻和接触电阻是怎样对低值电阻测量结果产生影响的，例如用安培表和毫伏表按欧姆定律 $R=V/I$ 测量电阻的电路图及等效电路图如图4-6所示。

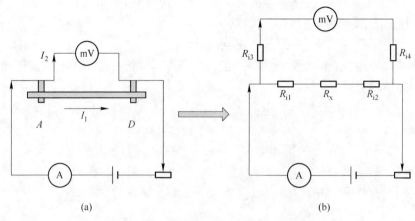

图4-6　伏安法测电阻的电路图及等效电路图

(a) 电路图；(b) 等效电路图

由于毫伏表内阻 R_g 远大于接触电阻 R_{i3} 和 R_{i4}，如图4-6 (b) 所示，因此它们对于毫伏表的测量影响可忽略不计，此时按照欧姆定律 $R=V/I$ 得到的电阻是 ($R_x+R_{i1}+R_{i2}$)。当待测电阻 R_x 小于1时，就不能忽略接触电阻 R_{i3} 和 R_{i4} 对测量的影响。

因此，为了消除接触电阻对于测量结果的影响，需要将接线改成图4-7方式 (等效电路如图4-7所示)，将低电阻 R_x 以四端接法方式连接。此时毫伏表上测得电压为 R_x 的电压降，由 $R_x=V/I$ 即可计算出 R_x。接于电流测量回路中电流接头的两端 (A、D)，与接于电压测量回路中电压接头的两端 (B、C) 是各自分开的，许多用于低电阻的标准电阻都做成四端接线钮的形式。

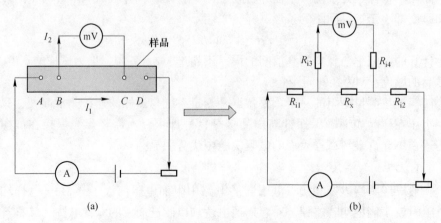

图4-7　四端法测电阻的电路图及等效电路图

(a) 电路图；(b) 等效电路图

根据这个结论，就发展成双臂电桥，其线路图和等效电路图如图 4-8 所示，标准电阻 R_n 电流头接触电阻为 R_{in1}、R_{in2}，待测电阻 R_x 的电流头接触电阻为 R_{ix1}、R_{ix2}，都连接到双臂电桥测量回路的电流回路内。标准电阻电压头接触电阻为 R_{n1}、R_{n2}，待测电阻 R_x 电压头接触电阻为 R_{x1}、R_{x2} 连接到双臂电桥电压测量回路中，因为它们与较大电阻 R_1、R_2、R_3、R 相串联，故其影响可忽略。

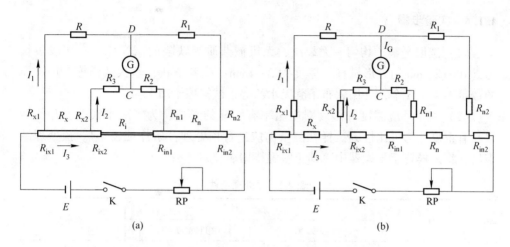

图 4-8　双臂电桥法测电阻的电路图及等效电路图

（a）双臂电桥法测电阻的电路图；（b）等效电路图

根据图 4-8，当电桥平衡时，通过检流计 G 的电流 $I_G = 0$，C、D 两点电位相等，根据基尔霍夫定律，可得方程组：

$$\begin{cases} I_1 R = I_3 R_x + I_2 R_3 \\ I_1 R_1 = I_3 R_n + I_2 R_2 \\ (I_3 - I_2) R_i = I_2 (R_2 + R_3) \end{cases}$$

解方程组得

$$R_x = R R_n / R_1 + R_2 R_i (R_2/R_1 - R_3/R)/(R_i + R_2 + R_3)$$

通过联动转换开关，同时调节 R_1、R_2、R_3、R，使得 $R_2/R_1 = R_3/R$ 成立，则式中第二项为零，待测电阻 R_x 和标准电阻 R_n 的接触电阻 R_{in1}、R_{ix2} 均包括在低电阻导线 R_i 内，则有：

$$R_x = R_n R / R_1$$

实际上即使用了联动转换开关，也很难完全做到 $R_2/R_1 = R_3/R$，为了减小第二项的影响，使用尽量粗的导线以减小电阻的阻值（$R_i < 0.001\Omega$），使第二项尽量小，与第一项比较可以忽略。

4.1.3 实验器材

超高电阻测试仪或数字超高阻、微电流测量仪;四探针电阻率测试仪;数字单臂电桥、数字双臂电桥;恒温恒湿箱1台、干燥器1个;千分卡尺、干燥温度计、电极材料(如退火铝箔,厚度小于0.02mm)、烧杯、软布条等;金属、玻璃、陶瓷、高分子材料各一批;医用凡士林、无水乙醇等。

4.1.4 实验步骤

(1)选取平整、均匀、无裂纹、无机械杂质等缺陷的试样原片。切成边长为(100±2)mm的方形试样,厚度为2~4mm;或者条状、丝状试样等,每试样的数量不少于3个,并用软布条蘸无水乙醇将试样擦干净。

(2)由于环境温度和湿度对电阻率有明显的影响,为了减小误差,并使结果具有重复性与可比性,试样在测量前应进行预处理,条件见表4-1。预处理结束后,将试样置于干燥器中冷却至室温待用。

表4-1 预处理条件

试样	条 件		时间/h
	温度/℃	相对湿度/%	
A	20±5	65±5	≥24
B	70±2	<40	4
C	105±2	<40	1

测试环境要求:规定常温为(20±5)℃,相对湿度为(65±5)%。实验环境条件最好能符合标准,至少不与所需条件相差太大。

(3)仪器的准备。根据课堂讲解的理论知识以及相应材料的电阻大小范围,正确选择测试仪器。

(4)测试步骤。

1)取出试样块,迅速用千分卡尺测量试样块的厚度:方形试样每边测量3次,取算术平均值,厚度测量误差不大于1%。试样厚度的测量也可在测出电阻后进行。

2)将待测试样安放在电极箱内,测表面电阻时应注意:两个电极应保持同心,间隙距离必须均匀;电极与试样应保持良好接触;试样放好后,盖上电极径盖。

3)电极箱选择开关置于所需的一侧。

4)开始测量:量程旋钮从低挡位量程开始逐渐拨向高挡,每一挡稍停(约2s)以便观察显示数字;当电阻显示为"1"时表示超出量程,应继续调节直到显出数字(显示值乘以挡次即为被测电阻)。

5）读数完毕后关闭电源，取出样品。

6）换另一个样品，按上述操作进行测试。

4.1.5　数据记录与处理

4.1.5.1　实验数据记录

计算公式中所需的电极系统尺寸见表4-2，实验记录应包括表4-3中所列的内容。

表4-2　电极系统尺寸

试样形状	电极尺寸/mm			测量电极与环电极的间隙 g/mm
	测量电极 D_1	环电极 D_2	下电极 D_3	
板状	直径 50±0.1	内径 54±0.1	直径>74	2±0.2

表4-3　实验数据记录

预处理条件	温度/℃		测试条件	温度/℃	
	相对湿度/%			相对湿度/%	
	时间/h			施加电压/V	

试样编号	试样厚度/m	表面电阻率				体积电阻率			
		电压系数	倍率	读数/$10^{-6}\Omega$	电阻率/$\Omega\cdot m$	电压系数	倍数	读数/$10^{-6}\Omega$	电阻率/$\Omega\cdot m$
1									
2									
3									
4									
5									
6									
平均电阻率		$V_S=$		$\Omega\cdot m$			$\rho_V=$		$\Omega\cdot m$

4.1.5.2　数据处理

体积电阻率和表面电阻率分别计算。实验结果以各次实验数值的算术平均值计算，并以科学记数法来表示，取两位有效数字。

4.1.6　思考题

（1）测量材料的电阻有何意义？

（2）测试环境对材料电阻率有何影响？

4.2 碳纤维复合材料和硅片的导电性测定

4.2.1 实验目的

掌握四探针法测量电阻率和薄层电阻的原理及测量方法；了解影响电阻率测量的各种因素及改进措施。

4.2.2 实验内容

用 RTS-8 型四探针电阻率方块电阻测试仪测试碳纤维复合材料和硅片的电阻率。

4.2.3 实验原理

电阻率的测量是半导体材料常规参数测量项目之一。测量电阻率的方法很多，如三探针法、电容-电压法、扩展电阻法等。四探针法则是一种广泛采用的标准方法，在测量半导体电阻率中最为常用。

4.2.3.1 半导体材料体电阻率测量原理

在半无穷大样品上的点电流源，若样品的电阻率 ρ 均匀，引入点电流源的探针，其电流强度为 I，则所产生的电场具有球面的对称性，即等位面为一系列以点电流为中心的半球面，如图 4-9 所示。在以 r 为半径的半球面上，电流密度 j 的分布是均匀的。

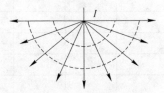

图 4-9 点电流源电场分布

若 E 为 r 处的电场强度，则

$$E = j\rho = \frac{I\rho}{2\pi^2}$$

由电场强度和电位梯度以及球面对称关系，则

$$E = \frac{\mathrm{d}\psi}{\mathrm{d}r}$$

$$\mathrm{d}\psi = -E\mathrm{d}r = -\frac{I\rho}{2\pi r^2}\mathrm{d}r$$

取 r 为无穷远处的电位为零，则

$$\int_0^{\psi(r)} \mathrm{d}\psi = \int_\infty^r -\boldsymbol{E}\mathrm{d}r = \frac{-I\rho}{2\pi}\int_\infty^r \frac{\mathrm{d}r}{r^2}$$

$$\psi(r) = \frac{\rho l}{2\pi r}$$

上式就是半无穷大均匀样品上离开点电流源距离为 r 的点的电位与探针流过的电流和样品电阻率的关系式，它代表了一个点电流源对距离 r 处的点的电势的贡献。

对图 4-10 所示的情形，四根探针位于样品中央，电流从探针 1 流入，从探针 4 流出，则可将 1 和 4 探针认为是点电流源，则 2 和 3 探针的电位为

$$\psi_2 = \frac{I\rho}{2\pi}\left(\frac{1}{r_{12}} - \frac{1}{r_{24}}\right) \qquad \psi_3 = \frac{I\rho}{2\pi}\left(\frac{1}{r_{13}} - \frac{1}{r_{34}}\right)$$

2、3 探针的电位差为

$$V_{23} = \psi_2 - \psi_3 = \frac{\rho l}{2\pi}\left(\frac{1}{r_{12}} - \frac{1}{r_{24}} - \frac{1}{r_{13}} + \frac{1}{r_{34}}\right)$$

此可得出样品的电阻率为

$$\rho = \frac{2\pi V_{23}}{I}\left(\frac{1}{r_{12}} - \frac{1}{r_{24}} - \frac{1}{r_{13}} + \frac{1}{r_{34}}\right)^{-1}$$

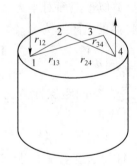

图 4-10 任意位置的四探针

上式就是利用直流四探针法测量电阻率的普遍公式。只需测出流过 1、4 探针的电流 I 以及 2、3 探针间的电位差 V_{23}，代入四根探针的间距，就可以求出该样品的电阻率 ρ。实际测量中，经常用的是直线形四探针（见图 4-11），即四根探针的针尖位于同一直线上，并且间距相等。

设 $r_{12} = r_{23} = r_{34} = S$，有：

$$\rho = \frac{V_{23}}{I}2\pi S$$

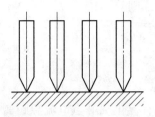

图 4-11　直线形四探针

需要指出的是：这一公式是在半无限大样品的基础上导出的，实用中，必须满足样品厚度及边与探针之间的最近距离大于四倍探针间距，这样才能使该式具有足够的精确度。

如果被测样品不是半无穷大，而是厚度，横向尺寸一定，进一步的分析表明，在四探针法中只要对公式引入适当的修正系数 B_0 即可，此时：

$$\rho = \frac{V_{23}}{IB_0} 2\pi S$$

另一种情况是极薄样品，极薄样品是指样品厚度 d 比探针间距小很多，而横向尺寸为无穷大的样品，这时从探针 1 流入和从探针 4 流出的电流，其等位面近似为圆柱面，高为 d。

任一等位面的半径设为 r，类似于上面对半无穷大样品的推导，很容易得出当 $r_{12} = r_{23} = r_{34} = S$ 时，极薄样品的电阻率为

$$\rho = \left(\frac{\pi}{\ln 2}\right) d \frac{V_{23}}{I} = 4.5324 d \frac{V_{23}}{I}$$

上式说明，对于极薄样品，在等间距探针情况下，探针间距和测量结果无关，电阻率和被测样品的厚度 d 成正比。

就本实验而言，当 1、2、3、4 四根金属探针排成一直线且以一定压力压在半导体材料上，在 1、4 两处探针间通过电流 I，则 2、3 探针间产生电位差 V_{23}。

材料电阻率：

$$\rho = \frac{V_{23}}{I} 2\pi S = \frac{V_{23}}{I} C$$

式中　S——相邻两探针 1 与 2、2 与 3、3 与 4 之间距，就本实验而言，$S = 1\text{mm}$，$C \approx (6.28 \pm 0.05)\text{mm}$。若电流取 $I = C$ 时，则 $\rho = V_{23}$，可由数字电压表直接读出。

4.2.3.2　薄层电阻（方块电阻）的测量

薄层电阻率为

$$\rho = \frac{2\pi S}{B_0} \times \frac{V}{I}$$

实际工作中，我们直接测量薄层电阻，薄层电阻又称方块电阻，其定义是表面为正方形的半导体薄层，在电流方向所呈现的电阻如图 4-12 所示。

所以：
$$R_s = \rho \frac{I}{IX_J} = \frac{\rho}{X_J}$$

因此有：
$$R_s = \frac{\rho}{X_J} = 4.5324 \frac{V_{23}}{I}$$

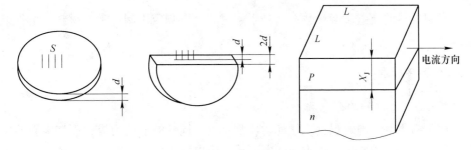

图 4-12 极薄样品，等间距探针情况

4.2.4 实验步骤

（1）使用仪器前检查电源线、测试架连接线是否连接好。确保前面板上粗调旋钮在最小位置，恒流源开关处于关闭状态。p/R 键选择 R，手动模式。

（2）电源插头插入 220V 插座后，开启背板上的电源开关，此时前面板上的数字表、发光二极管会亮起来。

（3）将探针头压在样品上，打开恒流源开关，电流会自动选择在 1.0mA 挡。电流挡的选择采用循环步进式的方式，每按一次电流选择按钮进一挡。电流挡按以下顺序不断的循环：1.0mA—10mA—100mA—0.01mA—0.1mA—1.0mA…

（4）电流选择从小量程 0.01mA 开始，一般调到 0.4532mA。调节粗调旋钮使前三位达到目标值，再调节细调旋钮使后两位达到目标值。若电压表无数值显示，选择大的电流量程，同样调节到 0.4532mA。若电压表还是没数值显示，则继续增大电流量程。

（5）由于本机中已有小数点处理环节，无须考虑电流、电压的单位。电压表的读数即为样品的方块电阻值（Ω/□）。

（6）测量完毕，将粗调调到最小值，关闭恒流源、电源，盖上探头保护帽。

4.2.5 实验数据

按要求记录实验数据并处理分析。

4.2.6 思考题

四探针的排列方式对实验结果的测定有无影响？

4.3 材料介电性能的测定

4.3.1 实验目的

了解材料的介电性能参数；初步了解材料介电响应机制；掌握材料介电性能的测试。

4.3.2 实验原理

4.3.2.1 材料的介电系数

按照物质电结构的观点，任何物质都是由不同性的电荷构成，而在电介质中存在原子、分子和离子等。当固体电介质置于电场中后，固有偶极子和感应偶极子会沿电场方向排列，结果使电介质表面产生等量异号的电荷，即整个介质显示出一定的极性，这个过程称为极化。极化过程可分为位移极化、转向极化、空间电荷极化以及热离子极化。对于不同的材料、温度和频率，各种极化过程的影响不同。

材料的相对介电系数 ε 是电介质的一个重要性能指标。在绝缘技术中，特别是选择绝缘材料或介质贮能材料时，都需要考虑电介质的介电系数。此外，由于介电系数取决于极化，而极化又取决于电介质的分子结构和分子运动的形式。所以，通过介电常数随电场强度、频率和温度变化规律的研究还可以推断绝缘材料的分子结构。

相对介电系数的一般定义为：电容器两极板间充满均匀绝缘介质后的电容，与不存在介质时（即真空）的电容相比所增加的倍数。其数学表达式为

$$C_x = \varepsilon C_0$$

式中 C_x——两极板充满介质时的电容；

      C_0——两极板为真空时的电容；

      ε——电容量增加的倍数，即相对介电常数。

从电容等于极板间提高单位电压所需的电量这一概念出发，相对介电常数可理解为表征电容器储能能力程度的物理量。从极化的观点来看，相对介电常数也是表征介质在外电场作用下极化程度的物理量。

一般来讲，电介质的介电常数不是定值，而是随物质的温度、湿度、外电源频率和电场强度的变化而变化。

　　材料的介质损耗是电介质材料基本的物理性质之一，介质损耗是指电介质材料在外电场作用下发热而损耗的那部分能量。在直流电场作用下，介质没有周期性损耗，基本上是稳态电流造成的损耗；在交流电场作用下，介质损耗除了稳态电流损耗外，还有各种交流损耗。由于电场的频繁转向，电介质中的损耗要比直流电场作用时大许多（有时达到几千倍），因此介质损耗通常是指交流损耗。

　　从电介质极化机理来看，介质损耗包括以下几种：（1）由交变电场换向而产生的电导损耗；（2）由结构松弛而造成的松弛损耗；（3）由网络结构变形而造成的结构损耗；（4）由共振吸收而造成的共振损耗。

　　在工程中，常将介质损耗用介质损耗角正切 $\tan\delta$ 来表示。现在讨论介质损耗角正切的表达式。如图 4-13 所示，由于介质电容器存在损耗，因此通过介质电容器的电流向量 I，与电压向量 V 的相位角不是差 π/α，而是 $\left(\dfrac{\pi}{2}-\delta'\right)$。其中，$\delta$ 称为介质损耗角。如果把具有损耗的介质电容器等效为电容器与损耗电阻的并联电路，如图 4-13（b）所示，则可得

$$\tan\delta = \frac{I_R}{I_C} = \frac{1}{\omega RC}$$

式中　ω——电源角频率；

　　　　R——并联等效交流电阻；

　　　　C——并联等效交流电容。

　　通常称 $\tan\delta$ 为介质损耗角正切值，它表示材料在一周期内热功率损耗与贮存之比，是衡量材料损耗程度的物理量。

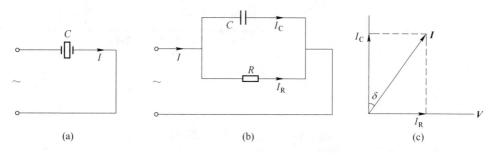

图 4-13　介质损耗的等效电路

（a）电介质电路示意图；（b）电介质电路等效电路图；（c）电介质电路电流-电压矢量图

4.3.2.2　测量方法

　　根据测试频率的不同，测量材料介电系数和介质损耗角正切的方法有：（1）静态法；（2）电桥法（主要有超低频、双 T 电桥、音频电桥（schering bridge，施林电桥））；（3）谐振法；（4）传输线法；（5）波导法；（6）谐振腔法。通常

测量材料介电系数和介质损耗角正切的方法有两种：交流电桥法和 Q 表测量法。本实验采用交流电桥法。

4.3.3　实验器材

LCR 仪及夹具；恒温恒湿箱；千分卡尺；软布条（或脱脂棉）、砂纸、银浆或者导电胶、无水乙醇。

不同成分的陶瓷、玻璃试样一批。

4.3.4　测试步骤

（1）样品准备，涂覆导电胶；

（2）将涂覆好导电胶的样品进行烘干；

（3）LCR 仪开机预热 30min；

（4）LCR 仪开路、短路清零以及相应参数的设定；

（5）样品尺寸测量；

（6）介电性能测试，记录测试数据；

（7）关机，整理；

（8）实验数据处理，撰写实验报告。

4.3.5　结果处理

4.3.5.1　实验数据记录

实验条件及测定数据应包括表 4-4 和表 4-5 所示的内容。

表 4-4　试样的尺寸

序号	厚度/mm				直径/mm			
	1	2	3	平均	1	2	3	平均
1								
2								

表 4-5　试样的电容及介电损耗

序号	测试项目	频率/Hz				
		100	1k	10k	40k	100k
1	电容 C/F					
	$\tan\delta$					
2	电容 C/F					
	$\tan\delta$					

4.3.5.2　数据处理

计算材料的相对介电常数 ε，实验结果以各项实验的算术平均值来表示，并绘制相应的图形，分析其介电性能的差异。

4.3.6　思考题

（1）ε_0、ε 和 ε_r 三者有何差别，它们的物理含义是什么？

（2）测试环境对材料的介电系数和介质损耗角正切值有何影响，为什么？

（3）试样厚度对 ε 的测量有何影响，为什么？

（4）电场频率对极化、介电系数和介质损耗角有何影响，为什么？

5 材料的光学性能测定

5.1 材料透光性的测定

5.1.1 实验目的

明确总透射比的基本概念；了解玻璃透光率测定仪的基本测量原理及使用方法；掌握材料透射比的测定技术；了解并掌握有关标准。

5.1.2 实验原理

材料的透光性是指材料透过光线的能力。它是一个综合性的指标，与材料对光线的吸收和反射性质有关。通常用透射比或雾度（浑浊度）来表征。透射比是衡量一种物体透射光通量的尺度，国际照明委员会（CIE）对透射比做了明确的定义："透射比"是透过物体的光通量和射到物体的光通量之比。"雾度"指透过试样而偏离入射方向的散射光通量与透射光通量之比。本实验进行材料总透射比和雾度的测定。

透光性是玻璃、透明的氧化物陶瓷（Al_2O_3、MgO、Y_2O_3 等）、工艺瓷（骨灰瓷和硬瓷等）、单相氧化物陶瓷等陶瓷材料的重要质量指标。

透射比是透过物体的光通量和射到物体的光通量之比，即

$$T = \frac{\varphi}{\varphi_0} = \frac{\int_{\lambda_1}^{\lambda_2} I_\lambda \, V_\lambda \, \tau_\lambda \, \mathrm{d}\lambda}{\int_{\lambda_1}^{\lambda_2} I_\lambda \, V_\lambda \, \mathrm{d}\lambda}$$

式中　T——总透射比，光通量之比；

φ_0——照射到物体上的光能量，lm；

φ——透过物体的光能量，lm；

I_λ——光源的分谱辐射强度，$W \cdot sr^{-1}$；

V_λ——明视觉相对光谱灵敏度（或视见函数）；

τ_λ——单色光透过度；

$\mathrm{d}\lambda$——波长间隔，nm。

只要用分光光度计测出物体的一系列单色光的透射比，就可以累计计算物体在一定光波段内的总透射比。不过，手工计算十分麻烦，可将算法编成程序，让计算机自动计算。

平板玻璃的可见光总透射比是指光源 A 发出的一束平行可见光束（380～780nm）垂直照射平板玻璃时，透过它的光通量 ϕ_2 对入射光通量 ϕ_1 的百分数，以 $T(\%)$ 表示，即

$$T = \frac{\phi_2}{\phi_1} \times 100\%$$

"ET-0682 型透光率测定仪"主要由直流稳压电源、平行光管、光接收器、检测计部分组成。测试原理如图 5-1 所示。

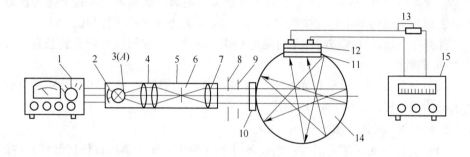

图 5-1 透光率测定仪原理图

1—直流稳压电源；2—圆弧反光镜；3—灯泡；4—聚光镜；5—平行光管；6—固定光栅；
7—物镜；8—可调光栅；9—快门；10—试件；11—滤光片；12—硒光电池；
13—微调电位器；14—积分球；15—检流计

由灯泡 3 发出的光经过聚光镜 4 与物镜 7 变成一束平行光，该束光通过试件 10 后进入积分球经球内壁反射层多次反射后成为柔和的漫射光，使球壁表面各处的光照度相等，固定在积分球上的硒光电池 12 将球内的光照吸收后转换成光电流，并由检流计 15 指示反映出来。

当光路中没有试样时，设光通量为 ϕ_1 的平行光束进入积分球内之后，此光束被硒光电池吸收所转换成的光电流是 I_1，此时打开快门 9，光电流使检流计 15 的光亮点偏转 100 格，而将试样 10 推入光路后，平行光束经试件反射，光吸收后进入积分球内腔的光通量为 ϕ_2，被硒光电池吸收转换成的光电流为 I_2，检流计光亮点偏转的格数为 a，则试样的透光率为

$$T = \frac{\phi_2}{\phi_1} = \frac{I_2}{I_1} = \frac{a}{100} \times 100\% = a\%$$

这样，从检流计光亮点偏转的格数就可以直接读出被测试样的透光率值。

5.1.3 实验器材

便携式透光率测定仪（便携式透光率测定仪主要用于测量汽车玻璃以及透明或半透明物体的透光率。体积小巧，携带方便，特别适应现场测量）；玻璃、陶瓷及切割工具；脱脂棉（或软布条）；无水乙醇（或乙醚）。

5.1.4 实验步骤

5.1.4.1 试样制备

（1）取样方法：对于平板玻璃原板，国家标准规定取三块样，即在与玻璃拉引方向相垂直的方向大约相等的距离的三个地方，用玻璃切割工具分别取一块样品，每片尺寸为 40mm×60mm。对于其他板材玻璃，如果不便于按上述方法取样时，可用玻璃切割工具直接切成 40mm×60mm 大小的试样进行测试。

注意：所取试样不应有明显可见的划伤、疙瘩、不易清洗的附着物及直径大于 1mm 的气泡。

（2）试样处理：用浸有无水乙醇（或乙醚）的脱脂棉（或软布条）将符合要求的待测试样擦干净、晾干待用。

5.1.4.2 测试步骤

（1）先把探头两部分沿着白色线条对齐（探头中间不要放置任何器件），按一下"ON/OFF"键，"嘟"声提示后，待显示屏显示"CAL OK"时，仪器进入测量状态。

（2）测量时把探头两部分分别放在被测物体两边（注意对齐白色线），按中间键"OP"即可进行测量，显示屏上显示的数据即为测量数据。

（3）每次测量有测量结果及测量次数显示，每次测量结果将自动存储。

（4）测量过程中按"ZERO"键可轮流显示平均值（MEA）、最大值（MAX）、最小值（MIN），继续测量清除前面测量结果，至新计数存储，每组测量数据不超过 15 次，关机后数据不能保存。

（5）为了延长电池使用时间，仪器使用完毕后应及时关机，按一下"CN/OFF"，仪器就处于关闭状态，显示屏无任何显示。

5.1.4.3 测试注意事项

（1）仪器测量窗口应保持清洁，请勿用手指触摸测量窗口镜头表面，镜头表面如有污渍，会影响测量准确性，可用镜头布或无水酒精擦拭。

（2）电池电能耗尽，仪器提示电池欠压，显示屏显示"Battery low"时，需要更换电池，打开后面电池盖，取出 9V 电池更换，注意连接线极性，电池电能耗尽应该及时更换，否则长时间存放，旧电池有可能流废液，造成仪器损坏，仪器长时间不用，应取出电池，妥善保管。

5.1.5　测定结果处理

对每片试样测定 3 次，取算术平均值作为该片试样的透光率值。

将 3 片试样的透光率值取算术平均值，作为该批试样的测定结果。测定结果可按表 5-1 所示的格式记录。

表 5-1　实验记录表

试样编号	试样厚度 /mm	测定值/%			每块试样的透光率 /%	平均透光率 /%	备　注
		1	2	3			
1							
2							
3							

5.1.6　思考题

（1）总透光率、雾度是如何定义的？

（2）试述单色透过率和总透光率的异同点，并说明它们之间有无关系？

（3）试样厚度对透光率值有无影响，为什么？

5.2　薄膜固体材料折射率的测定

5.2.1　实验目的

掌握折射率的测定方法；了解和掌握阿贝折射仪的基本原理和操作。

5.2.2　实验原理

长期以来，人们为了满足对各种光学仪器设备的需要，研制和生产了各种各样的光学玻璃，这些玻璃都有各自固定的折射率。所以，在光学玻璃的研制和生产中都要对玻璃的折射率进行比较精确的测定。例如，目前高折射率的玻璃薄膜或其他高折射率固体材料的折光率可达到 2.2～2.3，或者更高。因此，对测量这些玻璃薄膜固体材料折射率的方法和仪器的研究已成为人们迫切关注的问题。

介质折射率的测试方法有许多种，例如：测角法、浸液法、干涉法等。

测角法直接利用光的折射定律，以测出光束通过待测试样后的偏转角度来确定折射率。这种方法的测量精度较高，可达小数第四位至第五位，在研究玻璃的光学常数与其化学成分之间的关系时通常采用这类方法。采用这种原理的仪器主要是传统的光学仪器——阿贝折射仪。

浸液法是以已知折射率的液体为参考介质来测定介质的折射率。这种方法简单容易，但准确度较差，测量精度大约为 $\Delta h = \pm 2 \times 10^{-3}$。

干涉法是利用折射率和光程差之间的关系，以干涉条纹的变化来进行折射率测量的方法。这类方法可分为干涉光谱法、全息干涉法和 F-P 干涉法等。

在选择测试方法与测试仪器时，首先应考虑测量范围和测试精度的要求，其次是实验室的测试条件与设备。本实验用阿贝折射仪来测试光学玻璃的折射率。

5.2.3　实验仪器和材料

阿贝折射仪、溴代萘接触液、无水酒精、纱布、脱脂棉、镊子；无机玻璃或有机玻璃试样多块。

5.2.4　固体材料折射率的测定

5.2.4.1　试样的制备

选取无缺陷、均匀的无机玻璃块或有机玻璃块为待测试样，切取长（20～30）mm×8mm 宽×（3～10）mm 厚的长方体样品试块。将试块的一个大面和一个端面磨成两个互成垂直的 A、B 面，并进行抛光，清洗干净，晾干待用。

5.2.4.2　准备工作

（1）将仪器置于明亮处，从目镜中观察视场是否明亮均匀。否则以室内灯光来补充自然光。

（2）在开始测定前，打开主棱镜用无水酒精乙醚（1∶1 的混合）将标准试块和棱镜的表面擦洗干净，进行清洁与校准工作。为了使标准测试块与棱镜完全接触，先在标准测试块的大抛光面上加一滴接触液，然后将标准测试块贴在棱镜面上。调节调焦按钮检查标准测试块读数是否准确，如准确则无须校准直接测量，如有偏差请用校正螺丝校准。

（3）校正完毕，取下标准试样，将棱镜擦洗干净，以免留有其他物质影响测定精度。将标准测试块擦洗干净，保存待下次使用。

5.2.4.3　测试工作

（1）在已洗净晾干的待测试样的抛光面上滴一滴接触液，按照图 5-2 所示方法放置样品。

（2）调节按钮，使目镜中明暗分界线在十字中心处，调节视线清楚的位置读数。

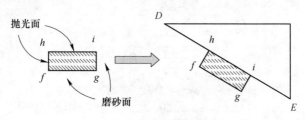

图 5-2　样品放置示意图

DE：折光仪折光棱镜面

5.2.5　实验数据记录

将仪器测出的读数记录下来，每个样品测定 3 次，取平均值。

5.2.6　思考题

影响测定固体折射率的主要因素有哪些？

5.3　太阳电池光电能量转换效率的测定

5.3.1　实验目的

了解染料敏化太阳电池的基本结构和基本工作原理，学习 CHI630 电化学工作站的基本功能和调谐方法（或恒电位仪测量光电流的方法）。掌握利用 *I-V* 曲线计算染料敏化太阳电池的能量转换效率。

5.3.2　实验原理

太阳能的利用是一个永恒的课题。染料敏化纳米晶光电化学电池以其低成本和高效率而成为硅太阳能电池的有力竞争者。

染料敏化太阳电池是由透明导电玻璃、TiO_2 多孔纳米膜、电解质溶液以及镀铂的导电玻璃构成的"三明治"式结构，如图 5-3 所示。

与 p-n 结固态太阳能电池不同的是，在染料敏化太阳电池中光的吸收和光生电荷的分离是分开的。图 5-4 是染料敏化太阳电池的能级分布和工作原理图，对电极表面镀一层金属铂。

图 5-4 表示在光照射太阳电池后，电池内的电子直接转移过程：（1）染料分子的激发。（2）染料分子中激发态的电子注入 TiO_2 的导带，图中 E_{cb} 和 E_{vb} 分别表示 TiO_2 的导带底和价带顶。从图中可以看出染料分子的能带最好与 TiO_2 的导带重叠，这有利于电子的注入。（3）染料分子通过接收来自电子供体 I_3^- 的电子，

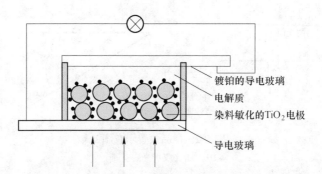

图 5-3　染料敏化太阳电池的结构示意图

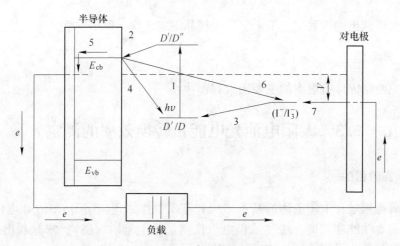

图 5-4　染料敏化太阳电池的工作原理

E_{cb}—半导体的导带边；E_{vb}—半导体的价带边；

D'，D''—染料电池的激发态；I^-/I_3^-—氧化还原电解质

得以再生。(4) 注入 TiO_2 导带中的电子与氧化态染料之间的复合，此过程会减少流入到外电路中电子的数量，降低电池的光电流。(5) 注入导带中的电子通过 TiO_2 网格，传输 TiO_2 膜与导电玻璃的接触面后流入到外电路，产生光电流。(6) 在 TiO_2 中传输的电子与 I_3^- 间的复合反应。(7) I_3^- 离子扩散到对电极被还原再生，完成外电路中电流循环。

太阳能电池的性能测试系统主要分为五部分，分别为光源、透镜、电池器件、电化学工作站（恒电位仪）、计算机、通过对太阳能电池光照下的电流/电压曲线的分析，来测试染料敏化 TiO_2 纳米晶光电化学电池的光电压、光电流、光电转换效率等性能。

衡量光电化学太阳能电池的性能主要有 5 个评价参数：短路光电流（I_{SC}）、

开路光电压（V_{OC}）、填充因子（FF）、入射光子到电子的转换效率（$IPCE$）和能量转换效率（η）。

（1）短路光电流（I_{SC}）：太阳能电池在短路条件下的工作电流。此时，电池输出的电压为零。

（2）开路光电压（V_{OC}）：太阳能电池在开路条件下的输出电压。此时，电池的输出电流为零。

（3）填充因子（FF）：填充因子定义为 $FF = P_{max}/I_{SC}V_{OC}$。

（4）能量转换效率（η）：定义为太阳能电池的最大功率输出与入射太阳光的能量 P_{light} 之比。

填充因子是太阳能电池品质的量度，是实际的最大输出功率（P_{max}）除以理想目标的输出功率（$I_{SC}V_{OC}$）。

$$\eta = P_{max}/P_{light} = FF \times I_{SC} \times V_{OC}/P_{light}$$

5.3.3　仪器装置和样品

染料敏化的纳米晶太阳电池（未注入电解液），辐照计（FZ-A 型），氙灯光源（功率 500W），光学导轨及透镜，微量进样器，恒电位仪，三电极体系（工作电极，参比电极，对电极）。标准电解液：0.1mol/L LiI，0.05mol/L I_2，0.5mol/L 4-叔丁基吡咯（溶剂为体积比为 1：1 的 PC 和乙氰的混合物）。

5.3.4　实验步骤

（1）调节光路：打开氙灯光源，将辐照计固定在导轨上。调节辐照计的相对距离，使辐照强度达到 100mW/cm² 并固定位置。

（2）打开恒电位仪和计算机电源，屏幕显示清晰后，再打开恒电位仪测量窗口。

（3）使用微量进样器抽取一定量的标准电解液，并将标准电解液沿缝隙边缘灌注至染料敏化纳米晶太阳电池中。将工作电极夹在电池的照光一端，参比电极和对电极夹在另一端。固定在步骤（1）中所述位置。

（4）使用恒电位仪测量太阳电池的 I-V 曲线。

（5）重复测量辐射照度为 75mW/cm² 和 50mW/cm² 太阳电池的 I-V 曲线。

5.3.5　结果处理

根据实验数据做出染料敏化太阳电池的 I-V 曲线图。

利用 I-V 曲线作图得到染料敏化太阳电池的功率输出曲线图。

根据以上两图得出主要光电转换效率填充因子等光电池参数。

5.3.6　思考题

（1）讨论影响太阳电池的光电能量转化效率的因素有哪些？

（2）不同辐照强度对能量转化效率有何影响？

（3）根据染料敏化太阳电池的结构和原理，讨论如何构筑高效率的染料敏化太阳电池器件。

5.4　材料荧光性能测定

5.4.1　实验目的

（1）掌握荧光材料的概念和应用；

（2）了解固体材料的发光原理。

5.4.2　实验原理

荧光现象在人类社会的发展中很早就被发现，如大自然的萤火虫、夜明珠等，但荧光现象的原理是在 19 世纪中叶由 Stokes 发现的，因而发射光波长与激发光波长的差值便被称作斯托克斯位移（stokesshift）。发光材料的发射光谱（也称为发光光谱）是指发光的能量按波长或频率的分布。激发光谱是指发光的某一谱线或谱带的强度随激发波长（或频率）的变化曲线。发光光谱和激发光谱可以采用荧光分光光度计测量。

由光源发出的光经单色器变为单色光后照射在荧光池中的样品上，由此激发出荧光，被检测器接收并转化为电信号，经放大后再转换成数字信号被计算机采集记录下来。这就是荧光分光光度计的基本工作原理，如图 5-5 所示。

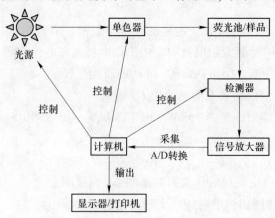

图 5-5　荧光分光光度计工作原理图

光致发光材料在激发光停止后，仍可持续发光，但发光强度逐渐减弱，直到完全消失，这就是发光衰减，激发停止后所持续发出的光称为余辉。习惯上将激发停止后发光亮度降至人眼可辨认最小值的这段时间称为余辉时间。发光衰减特性可用余辉衰减曲线描述。

发光材料的发光效率可用量子效率（η_q）、能量效率（η_p）和流明效率（η_l）来表示。量子效率是发光材料发射的光子数与激发时吸收的光子数的比值；能量效率是发光材料发光的能量和激发时吸收的能量的比值；流明效率是发光材料发射的光通量（单位：流明）与吸收的总功率的比值。直接测定粉末发光材料的吸收能量，在实验技术上是无法做到的，通常是通过测量反射能量的方法，来得到吸收能量值。量子效率与能量效率的关系是

$$\eta_q = \eta_p \cdot (\lambda_{发射}/\lambda_{吸收})$$

由测得的 η_p 即可求出 η_q。

测试材料的发光效率比较复杂，对于已开发应用的发光材料来说，可以采用与具有同一组份的标样进行对比测试的方法来测定未知样品的发光效率：

$$\eta_q = \eta_{q(标样)} \cdot (I_{未知样品}/I_{标样})$$

流明效率可用照度计法来测定光通量从而计算出来。

5.4.3　实验仪器和药品

荧光光谱仪、荧光粉、改性共轭聚合物、N，N-二甲基甲酰胺（DMF）等。

5.4.4　实验步骤

（1）将样品在烘箱中烘干后，取适量荧光粉和聚合物分散在 DMF 中配制成溶液；

（2）将上述溶液涂覆在玻璃板上待溶剂挥发后形成聚合物膜，将此膜小心揭下；

（3）打开荧光光谱仪；

（4）在荧光光谱仪上分别测定（1）中所得溶液和（2）中所得聚合物膜的发光光谱和激发光谱。

5.4.5　结果分析

（1）对得到的发光光谱和激发光谱进行分析，确定荧光波长与激发光波长的关系。

（2）对荧光粉和聚合物的荧光强度进行分析比较。

5.4.6　思考题

（1）光致发光材料的化学结构特点有哪些？

（2）光致发光材料的主要应用领域有哪些？

6 材料的磁性能测定

磁性材料分为金属磁性材料和非金属磁性材料两类。纯铁（99.9%Fe）、硅铁合金（Fe-Si，又称硅钢）和铁镍合金（Fe-Ni，又称坡莫合金）是最常见的金属磁性材料。非金属磁性材料主要指铁氧体磁性材料，是金属氧化物烧结的磁性体。此外，通过蒸发、溅射或超急冷方法可以将过渡金属和稀土族合金制成非晶态磁性薄膜。在工农业生产和科学研究中，磁性材料（特别是铁磁材料）占有重要的地位。因此，了解和掌握材料磁性的测定，对于材料磁性的研究和应用是十分必要的。

6.1 居里点温度测定

6.1.1 实验目的

初步了解铁磁性物质由铁磁性转变为顺磁性的微观机理；学习用 JLD-Ⅱ型居里点测试仪测量居里温度的原理和方法；测定 5 个低温温敏磁环的居里温度。

6.1.2 实验原理

铁磁性物质的磁性随温度的变化而变化，当温度上升到某一温度时，铁磁性材料就由磁性状态转变为顺磁性状态，即失掉铁磁性物质的特性而转变为顺磁性物质，这个温度称之为居里温度，以 T_c 表示，测量 T_c 不仅对磁性材料、磁性器件的研制、使用，而且对工程技术、家用电器的设计都具有重要的意义。

在铁磁性物质中，相邻原子间存在着非常强的交换耦合作用，这个相互作用促使原子的磁矩平行排列起来，形成一个自发磁化达到饱和状态的区域，这个区域的体积约为 $10^{-8}\ \mathrm{m}^3$，称之为磁畴。

在没有外磁场作用时，不同磁畴的取向各不相同，如图 6-1（a）所示。当存在外磁场作用时，对整个铁磁物质来说，任何宏观的方向，任何宏观区域的平均磁矩不再为零，且随着外磁场的增大而增大。当外磁场增大到一定值时，所有磁畴沿外磁场方向整齐排列，如图 6-1（b）所示，任何宏观区域的平均磁矩达到最大值，铁磁物质显示出很强的磁性，即铁磁物质被磁化了，铁磁物质的磁导率 μ 远远大于顺磁物质的磁导率。

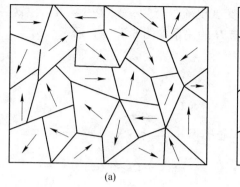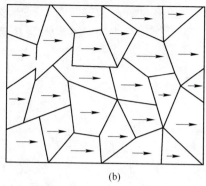

图 6-1 磁畴取向示意图

（a）无外磁场；（b）有外磁场

　　铁磁物质被磁化后具有很强的磁性，但这种磁性是与温度有关的，随着铁磁物质温度的升高，金属点阵热运动的加剧会影响磁畴磁矩的有序排列，但在未达到一定温度时，热运动不足以破坏磁畴磁矩的平行排列，此时任何宏观区域的平均磁矩仍不为零，物质仍具有磁性，只是平均磁矩随温度升高而减小。而当与 kT（k 是玻耳兹曼常数，T 是绝对温度）成正比的热运动能足以破坏磁畴磁矩的整齐排列时，磁畴被瓦解，平均磁矩降为零，铁磁物质的磁性消失而转变为顺磁物质，相应的铁磁物质的磁导率转化为顺磁物质的磁导率。居里温度就是对应于这一磁性转变时的温度。

　　对于铁磁物质来说，由于有磁畴的存在，因此在外加的交变磁场的作用下将产生磁滞现象，磁滞回线就是磁滞现象的主要表现。如果将铁磁物质加热一定的温度，由于金属点阵中的热运动的加剧，磁畴遭到破坏时，铁磁物质将转变为顺磁物质，磁滞现象消失，铁磁物质这一转变温度称为居里点。本居里点测试仪就是通过观察示波管上显示的磁滞回线的存在与否来观察测量铁磁物质的这一转变温度的。

　　由居里温度的定义知道要测定铁磁物质的居里温度，其测定装置必须具备 4 个功能：提供使样品磁化的磁场；改变铁磁物质温度的温控装置；判断铁磁性是否消失的判断装置；测量铁磁物质磁性消失时所对应温度的测温装置。以上 4 个功能由图 6-2 所示的系统装置实现。

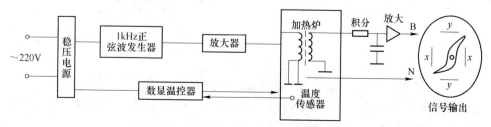

图 6-2 JLD-Ⅱ型居里点测试仪原理图

给绕在待测样品上的线圈 L_1 通一交变电流，产生一交变磁场 H，使铁磁物质往复磁化，样品中的磁感应强度 B 与 H 的关系如图 6-3（a）所示。

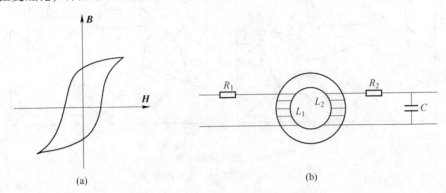

(a)   (b)

图 6-3   铁磁物质磁滞回线及励磁线路

由于 H 正比于 i，i 为通过 L_1 的电流，称为励磁电流，因此可以用 i 的信号代表 H 的信号，为此在励磁电路中串接一个采样电阻 R_1，将其两端的电压信号经过放大后送至示波管的 X 偏转板以表示 H。B 是通过副线圈 L_2 中由于磁通量变化而产生的感应电动势来测定的。其感应电动势为

$$\varepsilon = \frac{\mathrm{d}\Phi}{\mathrm{d}t} = -a\frac{\mathrm{d}B}{\mathrm{d}t}$$

式中 a——线圈截面积，将上式积分得

$$B = -\frac{1}{a}\int \varepsilon \mathrm{d}t$$

由此可见样品的磁感应强度与线圈 L_2 上的感应电动势的积分成正比，为此将 L_2 上的感应电动势经过 R_2C 积分线路，从积分电容 C 上取出 B 值，并加以放大处理后送示波管的 Y 偏转板。于是示波管上显示了样品的磁滞回线。当样品被加热到一定温度时，示波管上的磁滞回线即会消失。对应于磁滞回线刚好消失时样品的温度，即为该样品的居里点。

6.1.3   实验器材

居里点测试仪一套（见图 6-4），包括主机 1 台，加温炉 1 台，样品 5 只。

6.1.4   实验步骤

6.1.4.1   定性观察

（1）将加热炉的连线接于电源箱前面板的两接线柱上。将铁磁材料样品与电源箱，用专用线连接，并把样品放入加热炉。将温度传感器、降温风扇的接插件与接在电源箱面板上的传感器接插件对应相接。

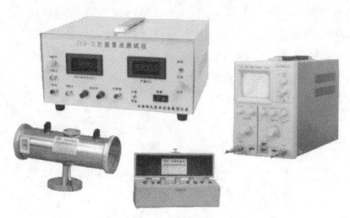

图 6-4　居里点测定仪

（2）将 B 输出与示波器上的 Y 输入，H 输出与 X 输入用专用线相连接，"升温—降温"开关打向升温，开启电源箱上的电源开关，并适当调节 Y、X 调钮，示波器上就显示出了磁滞回线。

（3）关闭加热炉上的两风门（旋钮方向和加热炉的轴线方向垂直），将"测量—设置"开关打向"设置"，设定好炉温后，打向"测量"，加热炉工作，炉温逐渐升向设置的温度。

（4）当炉温达到该样品的居里点时，磁滞回线消失同时数显温度显示测量温度值——居里点。数显温度表显示的温度值为该样品的居里点。

（5）打开加热炉上的两风门（风门上的旋钮方向和加热炉的轴线方向平行），把"升温—降温"开关打向降温，让加热炉降温。加热炉降温后，换一样品重复上述过程，直到样品测完为止。

6.1.4.2　定量测量

（1）测量温度与感应电动势的关系。对应一个温度值，读出相应的感应电动势，测量感应电动势随温度变化的值从而画出感应电动势-温度曲线。

（2）数据列表。得出的数据见表6-1。

表 6-1　实验数据记录

序号	1	2	3	4	5	6	7	8	9	10	11	12	13
温度/℃	20	25	30	35	40	42	44	46	48	50	52	54	56
感应电压/mV													
序号	14	15	16	17	18	19	20	21	22	23	24	25	
温度/℃	57	58	59	60	61	62	63	64	65	66	67	68	
感应电压/mV													

（3）数据处理

作感应电压-温度曲线图（见图 6-5），在斜率最大处作切线，切线与横坐标的交点为所求的居里点 T_c（64.3℃）。

（4）重复上述过程，直到测完为止。

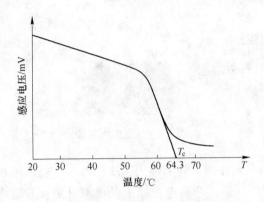

图 6-5 感应电压-温度曲线

6.1.4.3 注意事项

①当样品放入炉内加热过程中，随着炉温的升高，L_1 的电感量在不断减少，从电阻 R_1 上取出的 **H** 信号相对的在不断地升高，所以在实验过程中应适当地调节 X 调钮，使其在示波器上显现出比较理想的磁滞回线。

（2）测量样品的居里点时，一定要让炉温从低温开始升高，即每次要让加热炉降温后再放入样品测量，这样可避免由于样品和温度传感器响应时间的不同而引起的居里点每次测量值的不同。

（3）温度传感器可以调整，样品磁环套在温度传感器边缘与传感器接触，采集温度最佳。

（4）在 80℃以上测样品时，温度很高，小心烫伤。

（5）从定性地观察磁滞回线的存在与否来判定居里点时，由于线圈 L_1、L_2 互绕在一起，有一定的互感，始终有一定感应电压，因此当磁滞回线变为一直线时，不能将示波器的 Y 轴衰减无限制地减小。

6.1.5 思考题

（1）样品的磁化强度在温度达到居里点时发生突变的微观机理是什么，试用磁畴理论进行解释。

（2）测出的感应电压-温度曲线，为什么与横坐标没有交点？

6.2 铁磁材料的磁性分析测试

6.2.1 实验目的

掌握铁磁材料磁滞回线的概念。测定样品的基本磁化曲线，作 **B-H** 曲线。测绘样品的磁滞回线。

6.2.2 实验原理

铁磁物质是一种性能特异、用途广泛的材料。铁、钴、镍及其众多合金以及含铁的氧化物（铁氧体）均属铁磁物质。其特性之一是在外磁场作用下能被强烈磁化，故磁导率 $\mu = B/H$ 很高。另一特征是磁滞，铁磁材料的磁滞现象是反复磁化过程中磁场强度 H 与磁感应强度 B 之间关系的特性。即磁场作用停止后，铁磁物质仍保留磁化状态，图 6-6 为铁磁物质的磁感应强度 B 与磁场强度 H 之间的关系曲线。

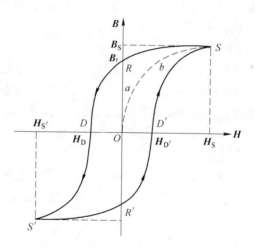

图 6-6 铁磁物质 B 与 H 的关系曲线

将一块未被磁化的铁磁材料放在磁场中进行磁化，图中的原点 O 表示磁化之前铁磁物质处于磁中性状态，即 $B = H = 0$，当磁场强度 H 从零开始增加时，磁感应强度 B 随之从零迅速上升，如曲线 Oa 所示，其后 B 随 H 较快增长，如曲线 ab 所示，其后 B 的增长又趋缓慢，并当 H 增至 H_S 时，B 达到饱和值，这个过程的 $OabS$ 曲线称为起始磁化曲线。如果在达到饱和状态之后使磁场强度 H 减小，这时磁感强度 B 的值也要减小。图 6-6 表明，当磁场从 H_S 逐渐减小至零，磁感应强度 B 并不沿起始磁化曲线恢复到"O"点，而是沿另一条新的曲线 SR 下降，

对应的 B 值比原先的值大，说明铁磁材料的磁化过程是不可逆的过程。比较线段 OS 和 SR 可知，H 减小 B 相应也减小，但 B 的变化滞后于 H 的变化，这种现象称为磁滞。磁滞的明显特征是当 $H=0$ 时，磁感应强度 B 值并不等于 0，而是保留一定大小的剩磁 B_r。

当磁场反向从 O 逐渐变至 $-H_D$ 时，磁感应强度 B 消失，说明要消除剩磁，可以施加反向磁场。当反向磁场强度等于某一定值 H_D 时，磁感应强度 B 值才等于 0，H_D 称为矫顽力，它的大小反映铁磁材料保持剩磁状态的能力，曲线 RD 称为退磁曲线。如再增加反向磁场的磁场强度 H，铁磁材料又可被反向磁化达到反向的饱和状态，逐渐减小反向磁铁的磁场强度至 0 时，B 值减小为 B_r。这时再施加正向磁场，B 值逐渐减小至 0 后又逐渐增大至饱和状态。

图 6-6 还表明，当磁场 H 按 $H_S \rightarrow O \rightarrow H_D \rightarrow H_{S'} \rightarrow O \rightarrow H_{D'} \rightarrow H_S$ 次序变化，相应的磁感应强度 B 则沿闭合曲线 $SRDS'R'D'S$ 变化，可以看出磁感应强度 B 值的变化总是滞后于磁场强度 H 的变化，这条闭合曲线称为磁滞回线。当铁磁材料处于交变磁场中时（如变压器中的铁心），将沿磁滞回线反复被磁化-去磁-反向磁化-反向去磁。磁滞是铁磁材料的重要特性之一，研究铁磁材料的磁性就必须知道它的磁滞回线。各种不同铁磁材料有不同的磁滞回线，主要是磁滞回线的宽、窄不同和矫顽力大小不同。

当铁磁材料在交变磁场作用下反复磁化时将会发热，要消耗额外的能量，因为反复磁化时磁体内分子的状态不断改变，所以分子振动加剧，温度升高。使分子振动加剧的能量是产生磁场的交流电源供给的，并以热的形式从铁磁材料中释放，这种在反复磁化过程中能量的损耗称为磁滞损耗，理论和实践证明，磁滞损耗与磁滞回线所围面积成正比。

应该说明，当初始状态为 $H=B=0$ 的铁磁材料，在交变磁场强度由弱到强依次进行磁化，可以得到面积由小到大向外扩张的一簇磁滞回线，如图 6-7 所示，这些磁滞回线顶点的连线称为铁磁材料的基本磁化曲线。

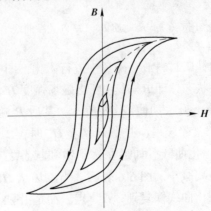

图 6-7   铁磁材料的基本磁化曲线

基本磁化曲线上点与原点连线的斜率称为磁导率，由此可近似确定铁磁材料的磁导率 $\mu = B/H$，它表征在给定磁场强度条件下单位 H 所激励出的磁感应强度 B，直接表示材料磁化性能强弱。从磁化曲线上可以看出，因 B 与 H 非线性，铁磁材料的磁导率不是常数，而是随 H 而变化，如图 6-8 所示。当铁磁材料处于磁饱和状态时，磁导率减小较快。曲线起始点对应的磁导率称为初始磁导率，磁导率的最大值称为最大磁导率，这两者反映 μ-H 曲线的特点。另外铁磁材料的相对磁导率 $\mu_r = B/B_0$ 可高达数千乃至数万，这一特点是它用途广泛的主要原因之一。

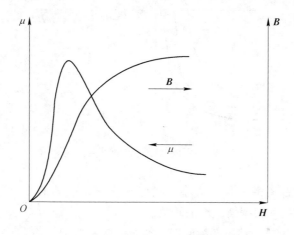

图 6-8　铁磁材料 μ、B 与 H 关系曲线

可以说磁化曲线和磁滞回线是铁磁材料分类和选用的主要依据，图 6-9 为常见的两种典型的磁滞回线，其中软磁材料的磁滞回线狭长、矫顽力小（$< 10^2 A/m$），剩磁和磁滞损耗均较小，磁滞特性不显著，可以近似地用它的起始磁化曲线来表示其磁化特性，这种材料容易磁化，也容易退磁，是制造变压器、继电器、电机、交流磁铁和各种高频电磁元件的主要材料。而硬磁材料的磁滞回线较宽，矫顽力大（$>10^2 A/m$），剩磁强，磁滞回线所包围的面积肥大，磁滞特性显著，因此硬磁材料经磁化后仍能保留很强的剩磁，并且这种剩磁不易消除，可用来制造永磁体。

6.2.3　实验仪器和实验材料

磁性动态分析系统、环形、U 形、E 形等形状的磁性材料、电子天平、游标卡尺。

6.2.4　实验步骤

（1）打开功放电源和测试主机的电源。

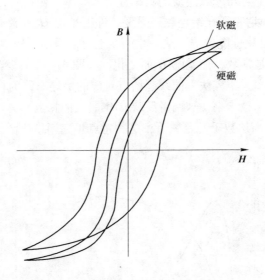

图 6-9 不同铁磁材料的磁滞回线

（2）根据样品磁芯的尺寸大小，确定导线环绕磁芯的匝数：小尺寸磁芯建议使用 3 匝，大尺寸根据情况增加匝数。

（3）根据功放最大输出匹配原理，初级匝数一般为 3～10 匝，次级匝数一般等同初级匝数。另外，功率放大器最大输出电流 2A，最大输出电压 20V，输出频率最高 100kHz，测试时不允许超出上述极限值。

（4）启动计算机程序，调整电流、频率，使电流、频率达到要求值。

（5）在计算机端选择磁芯规格，输入初级匝数、次级匝数，根据需要，输入磁芯质量和体积。

（6）鼠标单击测试图标，开始测试。

（7）数据存储。

（8）关掉功放电源和测试主机的电源，关掉总电源。

（9）实验完毕。

6.2.5 实验结果处理

根据实验数据，画出 **B-H** 曲线，确定磁性参数。

6.2.6 思考题

（1）如果不退磁，我们做实验会有什么后果？

（2）从磁滞回线上可以获得哪些磁学参数？

6.3 基于冲击法测量铁氧体材料磁滞回线

6.3.1 实验目的

了解铁磁体的一般特性；掌握用冲击法测量磁性材料参数的方法，并能测定铁磁材料的磁化曲线和磁滞回线；加深对铁磁材料主要物理量，如矫顽磁力、剩磁和磁导率的理解。

6.3.2 实验原理

铁磁材料可分为软磁材料、硬磁材料和半硬磁材料几类。硬磁材料（如铸钢）的磁滞回线宽、剩磁和矫顽力较大（120~20000A·m），磁化后的磁感应强度能长期保持，因此适宜于制作永久磁铁。软磁材料（如硅钢片）的磁滞回线窄，矫顽力较小（小于120A·m），容易磁化和退磁，适宜于制作电机、变压器和电磁铁。所以，掌握材料磁性参数（磁化曲线和磁滞回线等）的测量方法，对于研制电磁仪表、磁性器件具有重要的意义。

6.3.2.1 铁磁材料

铁磁材料除了具有高的磁导率外，另一个重要的特点就是磁滞。磁滞现象是材料磁化时，材料内部磁感应强度 B 不仅与当时的磁场强度 H 有关，而且与以前的磁化状态有关。图6-10表示铁磁质的这种性质，设铁磁质在开始时没有磁化，如磁场强度 H 逐渐增加，B 将沿 Oa 增加，曲线 Oa 叫作起始磁化曲线，当 H 增加到某一值 B 几乎不变。若将磁场强度 H 减小，则 B 并不沿原来的磁化曲线减小，而是沿磁滞回线 ab 曲线下降，即使 H 降到零（图6-10中 b 点）B 的值仍接近于饱和值，与 b 点对应的 B 值，称为剩余磁感应强度 B_r（剩磁）。当加反向磁场 H 时，B 随之减小，当反向磁场 H 达到某一值，如图6-10中 c 点时，$B=0$，与 Oc 相当的磁场强度 H_c 称为矫顽磁力。当反向磁场继续增加时，铁磁质中产生反向磁感应强度，并很快达到饱和。逐渐减小反向磁场强度到零，再加正向磁场强度时，则磁感应强度沿 $defa$ 变化，形成一闭合曲线 $abcdefa$，称该闭合曲线为磁滞回线。

由于有磁滞现象，能够有若干个 B 值与同一个 H 值对应，即 B 是 H 的多值函数，它不仅与 H 有关，而且与铁磁质磁化程度有关。例如：与 $H=0$ 相应的 B 有以下3个值。

（1）$B=0$ 的 O 点，这与原来没有磁化相对应。

（2）$B=B_r$，这是在铁磁质已磁化后发生的。

（3）$B=-B_r$，这是在反向磁化后发生的。

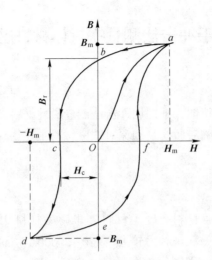

图 6-10 铁氧体的磁滞回线

必须指出，当铁磁材料从未被磁化开始，在最初的几个反复磁化的循环内，每一个循环 H 和 B 不一定沿相同的路径进行（曲线并非闭合曲线）。只有经过十几次反复磁化（称为"磁锻炼"）以后，才能获得一个差不多稳定的磁滞回线。它代表该材料的磁滞性质。所以样品只有"磁锻炼"后，才能进行测绘。

不同铁磁材料，其磁滞回线有"胖""瘦"之分，通常根据磁滞回线的不同形状将磁铁分为软磁材料、硬磁材料和矩磁材料等几种。

软磁材料的磁滞回线窄而长，剩余磁感应强度 B_r 和矫顽力 H_c 都很小，其基本特征是磁导率高，易于磁化及退磁。软铁、硅钢等属于这一类，它们常用来制造变压器及电机的转子。当铁磁质反复被磁化时，介质要发热。实验表明，反复磁化所产生的热与磁滞回线包围的面积成正比，变压器选用软磁材料就是考虑了这一点。

硬磁材料的磁滞回线较宽，剩余磁感应强度 B_r 和矫顽力 H_c 都较大，因此，其剩余磁感应强度 B_r 和矫顽力 H_c 可保持较长时间。铬、钴、镍等元素的合金属于硬磁材料。它们常用于制造永久磁铁。矩磁材料的磁滞回线接近矩形，其特点是剩余磁感应强度 B_r 接近饱和时 B_m，矫顽磁力小。若使矩磁材料在不同方向的磁场下磁化，当磁化电流为零时，它仍能保持 B_r 和 $-B_r$ 两种不同的剩磁，矩磁材料常用作记忆元件，如电子计算机中存储器的磁芯。软磁材料和硬磁材料的根本区别在于矫顽磁力 H_c 的差别。

对于高磁导率的软磁材料，H_c 很小，只有 $1 \sim 10 A/m$；对高矫顽磁力硬磁材料，H_c 在 $10^5 A/m$ 以上；矩磁材料的矫顽磁力 H_c：一般在 $10^2 A/m$ 以下。

可见，铁磁材料的磁化曲线和磁滞回线是该材料的重要特性，也是设计电磁机构和仪表的重要依据之一。

由于铁磁材料磁化过程的不可逆性及具有剩磁的特点，在测定磁化曲线和磁滞回线时，首先必须对铁磁材料预先进行退磁，以保证外加磁场 $H=0$ 时，$B=0$；其次，磁化电流在实验过程中只允许单调增加或减小，不可时增时减。

退磁方法，从理论上分析，要消除剩磁 B_r 只要通一反向电流，使外加磁场正好等于铁磁材料的矫顽磁力就行了，实际上，矫顽磁力的大小通常并不知道，因此无法确定退磁电流的大小。从磁滞回线得到启示，如果使铁磁材料磁化达到饱和，然后不断改变磁化电流的方向，与此同时逐渐减小磁化电流至零。那么该材料磁化过程是一连串逐渐缩小而最终趋向原点的环状曲线，如图 6-11 所示，当 H 减小到零时，B 也同时降到零，达到完全退磁。

总结以上情况，在进行测量时，一般要先退磁，再进行"磁锻炼"，然后进行正式测量。

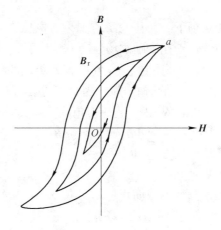

图 6-11 退磁示意图

6.3.2.2 示波器显示磁滞回线的原理

示波器法正广泛用在交变磁场下观察、拍摄和定量测绘铁磁材料的磁滞回线。但是怎样才能在示波器的荧光屏上显示出磁滞回线（B-H 曲线）呢？显然，我们希望在示波器的 X 偏转板输入正比于样品的励磁场 H 的电压，同时又在 Y 偏转板输入正比于样品中磁感应强度 B 的电压，结果在屏幕上得到样品的 B-H 回线。

用待测铁磁材料制成的圆环，再在外面紧密绕上原线圈（励磁线圈）N_1 和副线圈（测量线圈）N_2，如图 6-12 所示。

当原线圈 N_1 中通过磁化电流 I_1 时，此电流在圆环内产生磁场。根据安培环路定律 $HL = N_1 L_1$，磁场强度的大小为

$$H = \frac{N_1 I_1}{L}$$

式中　N_1——原线圈的匝数;

　　　L——圆环的平均周长。

如果将电阻 R_1 上的电压 $U_X = I_1 R_1$(注意 I_1 和 U_X 是交变的),求出来加在示波器 X 偏转板上,则电子束在水平方向上的偏移将与磁化电流 I_1 成正比,因而有

$$I_1 = \frac{HL}{N_1}$$

所以,

$$U_X = \frac{L R_1}{N_1} H$$

此式表明,在交变磁场下,在任一瞬时如果将电压 U_X 接到示波器 X 轴输出端,则电子束在水平的偏转正比于励磁场强度 H。为了获得跟样品中磁感应强度瞬时值 B 成正比的电压 U_Y,采用电阻 R_2 和电容 C 组成的积分电路,并将电容 C 两端的电压 U_C 接到示波器 Y 轴的输出端。因交变的磁场 H 在样品中产生交变的磁感应强度 B,结果在副线圈 N_2 内产生感应电动势,其大小为

$$\varepsilon_2 = \frac{\mathrm{d}\Phi}{\mathrm{d}t} N_2 = N_2 S \frac{\mathrm{d}B}{\mathrm{d}t}$$

式中　N_2——副线圈匝数;

　　　S——待测铁磁质圆环的截面积。

忽略自感电动势后,对于副线圈回路有:

$$\varepsilon_2 = U_C + I_2 R_2$$

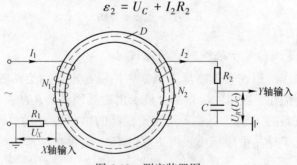

图 6-12　测定装置图

为了如实地绘出磁滞回线,要求:

(1) 积分电路的时间常数 $R_2 C$ 应比 $1/(2\pi f)$(其中 f 为交流电频率)大 100 倍以上,即要求 R_2(电容 C 的阻抗)比 $1/(2\pi f C)$ 大 100 倍以上。这样 U_C 与 $I_1 R_2$ 相比可忽略(由此带来的误差小于 1%),于是有:

$$\varepsilon_2 \approx I_2R_2$$

但 R_2 比 $1/(2\pi fC)$ 不能过大，过大了使 U_C 值过小，显然也就困难了。

（2）在满足上述条件下，U_C 的振幅很小，如将它直接加在 Y 偏转板上，则不能绘出大小合适需要的磁滞回线，为此，须将 U_C 经过 Y 轴放大器增幅后输至 Y 偏转板。这就要求在实验磁场的频率范围内，示波器放大器的放大系数必须稳定，不然会带来放大的相位畸变和频率畸变，而出现磁滞回线"打结"现象，而无法进行定量测量。此时适当调节 R_2 阻值有可能得到最佳磁滞回线图形。

电容 C 两端的电压表示为：

$$U_C = \frac{Q}{C} = \frac{1}{C}\int I_1 \mathrm{d}t = \frac{1}{CR_2}\int \varepsilon_2 \mathrm{d}t$$

$$U_C = \frac{N_2S}{CR_2}\int \frac{\mathrm{d}\boldsymbol{B}}{\mathrm{d}t}\mathrm{d}t = \frac{N_2S}{CR_2}\int_0^B \mathrm{d}\boldsymbol{B} = \frac{N_2S}{CR_2}\boldsymbol{B}$$

上式表明，接在示波器 Y 轴输出端的电容 C 上的电压 U_C（即 U_Y）值正比与 $\boldsymbol{B}$。这样，在磁化电流变化的一个周期内，电子束的径迹描出一条完整的磁滞回线，以后每个周期重复此过程。

我们可逐渐调节输入交流电压，使磁滞回线由小到大扩展，把逐次在坐标纸上记录的磁滞回线顶点的位置连成一条曲线。这条曲线就是样品的基本磁化曲线。

（3）标定 $\boldsymbol{H}_i$ 值。显示在荧光屏上的磁滞回线如图 6-10 所示，在保持示波器增益不变的条件下进行标定。将图 6-12 中样品原边短接，保持 R_1 数值不变，并接入电流表，如图 6-13 所示，合上开关 K，调节调压器，使显示在荧光屏上水平线段恰好与图 6-10 中 $\pm\boldsymbol{H}_\mathrm{m}$ 间的水平距离相等。若这时电流表读数为 I_1（电流表指示的是正弦波的有效值），其峰值 $I_{1m} = \sqrt{2}I_1$，根据安培环路定律 $\boldsymbol{H}_i = \dfrac{I_{1m}N_1}{L} =$

$\dfrac{\sqrt{2}I_1N_1}{L}$（安匝/米），$I_1$ 单位用 A，L 单位用 m。

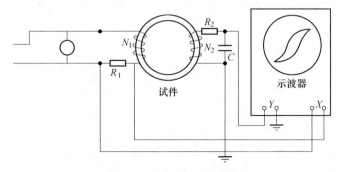

图 6-13　仪器连接示意图

（4）标定 $\boldsymbol{B}_i$ 值。用标准互感器 M 取代被测样品。按图 6-13 接线，其中 R_1、R_2、C 均保持原来的数值，合开关 K，调节调压器，使示波器的垂直线段等于图 6-10 中的 $\pm\boldsymbol{B}_m$ 间的高度。如果初级回路中电流为 i_m，电流表指示有效值 I_M，根据互感原理，互感器副边的感应电动势

$$\varepsilon_M = -M\frac{\mathrm{d}i_m}{\mathrm{d}t}$$

又因 $\varepsilon_M = \varepsilon_2$ 时，电容上的电压 $U_{cm} = U_C$，因此得

$$M\frac{\mathrm{d}i_m}{\mathrm{d}t} = N_iS\frac{\mathrm{d}\boldsymbol{B}}{\mathrm{d}t}$$

两边积分得

$$MI_{Mm} = N_2S\boldsymbol{B}_i$$

式中 I_{Mm}——标准互感器原边电流的最大值。

由此得

$$\boldsymbol{B}_i = \frac{MI_{Mm}}{N_2S} = \frac{\sqrt{2}MI_M}{N_2S}$$

式中，互感系数 M 的单位为 H，S 的单位为 m^2，I_M 的单位为 A。

6.3.3   实验器材

磁滞回线测试仪 1 台，KY-A 型可调隔离变压器；CA8022 型示波器 1 台；透明米尺 1 根。

6.3.4   实验步骤

（1）调整仪器按图 6-13 连接线路，先把电压调节旋钮调到零，再调节示波器，使电子束光点呈现在荧光屏坐标网格中心。

（2）测绘基本磁化曲线。

1）把电压调节旋钮调到零，然后逐渐调节电压调节旋钮使电压逐渐升高（由测定面板上表头指示可观察到），屏上将出现磁滞回线的图像，调节示波器垂直增益，使图形大小适当。待磁滞回线接近饱和后，逐渐减小输出电压至零，目的是对样品进行退磁。

2）从零开始，逐渐升高输出电压若干挡进行，使磁滞回线由小变大，分别记录每条磁滞回线顶点坐标，描在坐标纸上。并将所描各点连成曲线，就可得出基本磁化曲线。

（3）测绘磁滞回线。

1）调节输出电压到某值，然后调节示波器垂直增益和水平增益，使磁滞回线大小适当。

2）在方格纸上按 1∶1（或 1∶2）的比例描绘屏上显示的磁滞回线，记下有代表性的某些点，如图 6-10 中的 a、b、c、d、e、f 点的坐标 X_i、Y_i…。

3）在坐标纸上标定并描绘出磁滞回线。

（4）仪器参数测定。

$S = 38 \times 10^{-5}\,\mathrm{m}^2$（铁心截面积），$L = 130\mathrm{mm} = 0.13\mathrm{m}$，原线圈（励磁线圈）为 $N_1 = 1700\mathrm{T}$，副线圈（测量线圈）为 $N_2 = 398\mathrm{T}$。其中，T 即匝（或圈）。

6.3.5 思考题

（1）测定铁磁材料的基本磁化曲线与磁滞回线各有什么实际意义？

（2）什么是磁化过程的不可逆性？测量时要注意哪几个关键问题？

（3）根据实验得到的基本磁化曲线（**B-H** 曲线），利用 **$B = \mu H$** 关系式，绘出 $\mu\text{-}H$ 的关系曲线，并分析其实际意义。

6.4 软磁材料磁化曲线的测定

6.4.1 实验目的

了解软磁材料的磁学性能参数；熟悉软磁材料磁化曲线的测试原理；掌握磁化曲线的分析。

6.4.2 实验原理

反映软磁材料磁特性的各种磁学参量的测量是磁学测量的内容之一。软磁材料一般指矫顽力 H_c 不大于 1000A/m 的磁性材料，主要有低碳钢、硅钢片、铁镍合全、一些铁氧体材料等。软磁材料的各种磁性能决定了由该材料制成的磁性器件或装置的技术特性，因此，软磁材料测量在磁学测量中占有重要位置。

表征软磁材料的磁特性有各种曲线，可按工业应用要求来选择。这些曲线主要是：工作在直流磁场下的静态磁特性曲线和反映磁滞效应的静态磁特性回线；工作在变化磁场（包括周期性交变磁场，脉冲磁场和交、直流叠加磁场等）之下，包括涡流效应在内的动态磁特性曲线和动态磁特性回线等。这些磁特性曲线的横坐标是加在被测材料上的磁场强度 **H**，纵坐标是材料中的磁通密度 **B**。这种表示方式使这些曲线只反映材料的性质，与材料的形状、尺寸无关。此外，软磁材料的动态磁特性还包括复数磁导率和铁损。

静态磁特性测量材料的静态磁特性曲线和磁特性回线，主要测量方法有冲击法和积分法两种。

（1）冲击法：用以测量静态磁特性曲线，测量线路如图 6-14 所示，材料试样制成镯环形，并绕以磁化线圈和测量线圈。前者通过换向开关、电流表和调节电流的可变电阻接到直流电源上；后者接到冲击检流计上。开始测量时，通过电流表将磁化线圈中的电流调到某一数值，由电流表的读数、磁化线圈的匝数，以及材料试样的磁路几何参数，可计算出磁场强度 **H** 值。然后，利用换向开关快速改变磁化线圈中的电流方向，使材料试样中的磁通密度的方向突然改变，于是在测量线圈中感应出脉冲电动势 e，e 使脉冲电流流过冲击检流计。检流计的最大冲掷与此脉冲电流所含的电量 Q，也就是磁通的变化（Δψ）成比例。

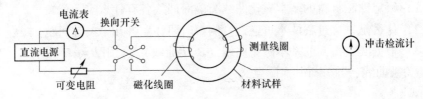

图 6-14   冲击法测量软磁材料静态磁特性曲线

Δψ 在数值上等于材料试样中磁通的两倍。由冲击检流计的读数和冲击常数（韦伯/格），以及材料试样的等效截面，可计算出相应的磁通密度 **B** 值。改变磁化电流，可测出静态磁特性曲线所需的所有数据。此种方法的准确度约为 1%。

如将图 6-14 的磁化线路进行修改，便磁化电流不断由某一最大值逐次减小到零，再反向，一直到反向最大值止，可获得静态磁特性回线。

（2）积分法：用以获得静态磁特性回线。可采用静态磁性自动记录仪。此种仪器由磁化电流扫描电路、电子式积分器和 *X-Y* 记录仪（见笔式记录仪）组成（见图 6-15）。扫描电路输出变化缓慢的磁化电流，周期为 10~40s，正、负幅值相等，可连续调节。自测量线圈取出对应于磁通密度变化的信号，经电子积分器得到相应的磁通密度 **B** 值。由于磁场变化缓慢，可不计涡流影响，因此 *X-Y* 记录仪自动记录下来的回线可认为是试样材料磁滞效应的静态磁特性回线。静态磁性自动记录仪测量磁通密度回路的原理与电子磁通计相同，区别在于前者以 *X-Y* 记录仪代替了后者的指示电表。静态磁性自动记录仪的综合磁通常数达 10^{-7} Wb/A，准确度为 2%。

动态磁特性测量材料的动态磁特性曲线和磁特性回线，主要测量方法有3 种。

（1）电压表-电流表法：将被测试材料制成环状、口字形等试样。试样上均匀绕以 N_1 匝磁化线圈及 N_2 匝测量线圈：N_1 经过电流表 A 接到可调交流电源上，N_2 接到平均值电压表上（见图 6-16）。根据平均值电压表的读数 **B**、匝数 N_2、

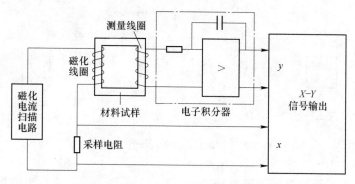

图 6-15 静态磁性自动记录仪线路原理图

频率 f、试样等效截面，可计算出试样截面中的最大磁通密度 B_m，用有效值电流表测磁化电流，则此时试样的磁场强度 $H = N_1 I/L$，L 为磁路的有效长度。由于 I 是有效值，所以 H 也是有效值。若想求得此时的最大磁场强度 H_m 的数值，须用图中互感器 M 和平均值电压表的组合替代电流表。此时，H 是平均值电压表的读数。调节交流电源的电压，可获得动态磁特性曲线的全部数据。此种方法的误差为 $\pm(3\% \sim 10\%)$。

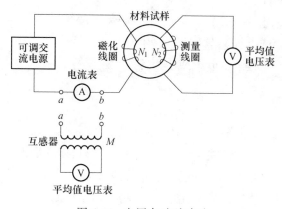

图 6-16 电压表-电流表法

（2）示波器法：用于测量动态磁滞回线。测量电路如图 6-17 所示。图中 R_0 是采样电阻，由此取出的与磁化电流（即磁场强度）有关的信号，加到示波器的 X 轴上；取自测量线圈的磁通密度信号，经积分器加到示波器的 Y 轴。此时，可在示波器的荧光屏上展示出材料试样的动态磁特性回线。此回线反映在材料中存在磁滞与涡流效应时的磁特性。此种方法的测量误差主要来自荧光屏上的读数不够准确，误差一般为 $\pm(5\% \sim 10\%)$。

（3）电桥法：利用某些交流电桥线路可测量磁性材料的复数磁导率和铁损。

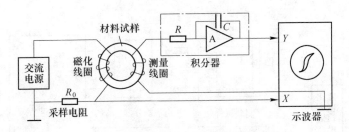

图 6-17 示波器法测动态磁特性曲线

测量材料在声频下的复数磁导率分量 μ_1 和 μ_2，通常采用麦克斯韦电桥；测量铁损通常采用修正海氏电桥（见经典交流电桥）。环状试样中绕以线圈接到桥路中，调节电桥使之平衡，由所测出的试样线圈等效电感和等效电阻以及试样线圈上的电压，即可计算出复数磁导率和铁损。电桥法测量材料动态磁特性的误差为 $\pm(1\% \sim 5\%)$。

6.4.3 实验器材

（1）软磁材料自动测量装置。

（2）温度湿度计。

（3）万用表（或欧姆表）。

（4）铁氧体（或其他）软磁材料。

（5）绝缘细导线若干，砂纸或小刀等。

6.4.4 实验步骤

6.4.4.1 试样的准备

选择的材料为软磁材料铁氧体，样品的尺寸形状要求如下：

（1）为了保证磁化均匀，样品应尽量做成截面均匀的圆环形。

（2）要求圆环的横截面积 S 足够大，使测量的灵敏度较高。

（3）为了减小涡流引起的误差，圆环可采用多层叠片或薄带绕成。

（4）在环上均匀地缠满两组绝缘导线 N_1 和 N_2，线头去掉绝缘层。

6.4.4.2 测量步骤

（1）打开计算机及软件，开主机预热 5min。注意：一定要先打开软件。

（2）将样品按指定位置接入仪器中（N_1 和 N_2 不能接反），用万用表或欧姆表检查电路连接情况（一般电阻小于 10Ω）。如电阻很大，需重新打磨线头并连接好。

（3）在软件中输入参数，在两个黑色小窗口中将量程选项定为"自动"。

（4）通过按"清零"按钮和调整"调零"旋钮，使磁通计（第一个黑色窗口）数字基本保持不变（至少要求变化很缓慢）并且为 0（至少要求很接近于 0）。

（5）选择测量项目（如果 B_S 是未知的，可以先单独测量 B_S）。

（6）按 F9 开始测试所要求的项目。

（7）测试结束后保存数据及进行后继处理工作（如查看、截图并保存等）。

（8）依次关机：先关励磁电源，后关软件和计算机。

（9）做好整理和清洁卫生。

6.4.5 结果分析

根据打印出来的软磁材料的磁化曲线，详细分析软磁材料的磁学性质。

6.4.6 思考题

（1）用环状试样测定软磁材料的磁参数有何优缺点？

（2）如何简化本实验而不影响实验结果？

7 其他材料性能测定

7.1 材料的摩擦和磨损实验

7.1.1 实验目的

了解有关摩擦磨损实验机的工作原理；了解影响材料耐磨性的因素；掌握测定材料摩擦系数和磨损性能的方法和相关标准。

7.1.2 实验原理

磨损是工程中普遍存在的现象，凡是产生相对摩擦的机件，必然会伴随有磨损现象。但是影响摩擦与磨损的因素很多，如施加压力、运动速度、工件表面粗糙度、润滑剂和材料性能等，所以材料摩擦磨损特性，是由摩擦条件与材料性能共同决定的综合特性。因此，磨损实验就是指试样与对磨材料在施加一定压力和中间介质的条件下，按照一定的速度相对运动，经过一定时间（或摩擦距离）后测量其磨损量，根据磨损量大小来判断材料的耐磨性能。称重法是以试样在磨损实验前后的质量差来表示磨损量（通常以 g 为计算单位），用符号 Δm 表示：

$$\Delta m = m_0 - m_1$$

式中　　m_0——试样磨损前原始质量；

　　　　m_1——试样磨损后的质量。

因为磨损实验结果受很多因素影响，实验数据分散性较大。因此，一般在磨损实验中，同一实验条件下需测定 3~5 个数据点。其磨损量常用算术平均值 $\overline{\Delta m}$ 来表示，即

$$\overline{\Delta m} = \frac{1}{n} \sum_{i=1}^{n} \Delta m_i (i = 1, 2, 3, \cdots, n)$$

两固体表面之间的摩擦力与正向压力成正比，这个比值叫作摩擦系数。摩擦系数由滑动面的性质、粗糙度和（可能存在的）润滑剂所决定。滑动面越粗糙，摩擦系数越大。

7.1.3 实验设备和材料

摩擦磨损实验机、分析天平（精度 0.1mg）、洛氏硬度计。

实验用材料及热处理状态的选择，可根据摩擦副材料而定。本实验的下试样可选用 GCr15 或 T8 钢，经淬火和低温回火后硬度约为 HRC 60～62；上试样可根据现有工艺条件，选用经过表面强化处理（如渗碳、氮化、碳-氮共渗、渗硼、渗钒等）后的试样。

7.1.4   实验方法与步骤

因磨损实验较费时间，本实验以参观示范方式进行。在实验过程中全班分 3～5 个小组共同做出一条磨损曲线，测定在相同磨损时间（30min）不同压力下的关系曲线，如图 7-1 所示。

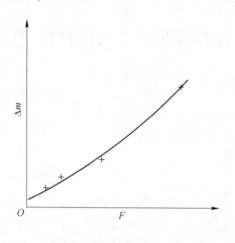

图 7-1   材料磨损曲线图

磨损实验条件：压力，50N，100N，200N，400N；时间，均为 30min。转速，200r/min；介质，干摩擦。

本实验的具体方法及步骤如下：

（1）试样的准备。领取试样（上、下试样）；测定下试样的硬度：凡 HRC 偏差大于±2 为不合格；将试样（上、下试样）编号、打上标号；把配对好试样进行跑合实验；将跑合后试样用丙酮或酒精进行清洗，吹干后在分析天平上称其原始质量 m_0。

（2）实验机的调试。调整平衡锤位置；安装试样，压力清零；选择所加压力 F；选择磨损的时间长度；选择运转速度。

（3）打开计算机上的相关软件，进行实验记录。

（4）磨损实验结束时，应先卸载再停机。

（5）取下试样（上、下试样），用丙酮或酒精擦洗后，再称其磨损后质量 m_1。

7.1.5 数据记录和处理

（1）根据实验数据，做出该材料的 Δm-F 关系曲线。

（2）根据实验数据，计算出不同磨损条件（或磨损阶段）下，材料相应的摩擦系数。

7.1.6 思考题

（1）简要分析机件正常运动磨损过程的三个阶段。

（2）提高材料耐磨性可以从哪几个方面考虑。

7.2 材料表面覆盖层（涂镀层）厚度的测定

7.2.1 实验目的

（1）掌握涂层厚度的测定原理与方法。

（2）掌握涂层测厚仪的操作要点。

7.2.2 实验原理

涂层（coating）是涂料一次施涂所得到的固态连续膜，是为了防护、绝缘、装饰等目的，涂覆于金属、织物、塑料等基体上的塑料薄层。一定厚度的涂层，可以一次形成，也可以多次形成。大多数涂料以每次薄涂，涂装多次为宜。涂装多次所形成的漆膜，要比涂装一次形成同样厚度的漆膜性能好些，这是因为薄的涂层干燥条件好，干燥时的内应力小，附着力好，涂层太厚时，不仅干燥的内应力大，而且易于起皱和发生其他的病态。

在工业生产中，覆盖层的厚度过薄将难以发挥材料的特殊功能和性能等作用，过厚则会造成经济上的浪费，而且覆盖层的厚薄不匀或未达到规定要求，将会对其机械物理性能产生不良影响。因此，材料表面覆盖层的厚度均匀性是最为重要的产品质量指标之一。

覆层厚度的测量方法主要有：楔切法、光截法、电解法、厚度差测量法、称重法、X 射线荧光法、β 射线反向散射法、电容法、磁性测量法及涡流测量法等。这些方法中前五种是有损检测，测量手段烦琐，速度慢，多适用于抽样检验。

采用无损方法既不破坏覆层也不破坏基材，检测速度快，能使大量的检测工作经济地进行。随着技术的日益进步，特别是近年来引入微机技术后，采用磁性法和涡流法的测厚仪适用范围广、量程宽、操作简便且价廉，是工业和科研使用越来越多的测厚仪器。

涂层测厚仪也叫覆层测厚仪，是一种无损测量仪器，是一种用于测量金属表面涂层厚度的专用仪器，主要测量磁性金属基体上非磁性涂层的厚度及非磁性金属基体上非导电覆层的厚度。

采用电磁感应法测量涂层的厚度时，测厚仪探头会产生一个闭合的磁回路，当存在不同厚度的非磁性覆盖涂层时，探头与铁磁性材料之间的距离将会改变，从而使得磁回路发生不同程度的改变，引起探头测量线圈中磁通或磁阻的变化。因此通过检测测厚仪探测头通过的磁通量变化的大小就可以来测定覆层厚度。也可以测定与之对应的磁阻的大小，来表示其覆层厚度。覆层越厚，则磁阻越大，磁通越小。利用这一原理可以精确地测量探头与铁磁性材料间的距离，即涂层厚度。

利用磁感应原理的测厚仪，原则上可以测量导磁基体上的非导磁覆层厚度。磁性原理测厚仪可应用来精确测量钢铁表面的油漆层、瓷、搪瓷防护层、塑料、橡胶覆层、镍铬在内的各种有色金属电镀层，以及化工石油行业的各种防腐涂层。

采用电涡流测量原理的测厚仪，高频交流信号在测头线圈中产生电磁场，测头靠近导体时，就在其中形成涡流。测头离导电基体越近，则涡流越大，反射阻抗也越大。这个反馈作用量表征了测头与导电基体之间距离的大小，也就是导电基体上非导电覆层厚度的大小。由于这类测头专门测量非铁磁金属基材上的覆层厚度，所以通常称之为非磁性测头。非磁性测头采用高频材料做线圈铁心，例如铂镍合金或其他新材料。与磁感应原理比较，主要区别是测头不同，信号的频率不同，信号的大小、标度关系不同。

采用电涡流原理的测厚仪，原则上对所有导电体上的非导电体覆层均可测量，如航天航空器表面、车辆、家电、铝合金门窗及其他铝制品表面的漆，塑料涂层及阳极氧化膜。覆层材料有一定的导电性，通过校准同样也可测量，但要求两者的导电率之比至少相差 $3\sim5$ 倍（如铜上镀铬）。虽然钢铁基体也为导电体，但这类材料还是采用磁性原理测量较为合适。

7.2.3 实验步骤

（1）准备好待测样品（带有漆膜的不锈钢片、铝片等）。

（2）将涂层测厚仪的探头置于空气中（开放空间），按下开机键。

（3）将涂层测厚仪的探头垂直接触测量件涂层，当听到一声鸣响，屏幕即可显示测量的涂层厚度值；重新提起探头移动至其他位置，可迅速进行第二次测量。

（4）对不同样品进行测定，每个样品要选取不同区域进行测定。

（5）测量完成后关机。

7.2.4 实验结果分析

（1）记录不同样品的涂层厚度，求取平均值。

（2）比较不同基材表面涂层厚度测量的误差。

7.2.5 实验注意事项

（1）测厚仪使用前应该进行校准。

（2）测量时探头要放平。

（3）被测材料要求是干的。

7.2.6 思考题

有哪些操作因素会影响涂层测厚仪的测量准确度？

7.3　塑料燃烧氧指数的测定

7.3.1 实验目的

（1）掌握氧指数测定仪的使用方法。

（2）掌握塑料燃烧氧指数测定结果的数据处理方法。

（3）了解塑料燃烧氧指数的大小与其阻燃性之间的关系。

7.3.2 实验原理

物质燃烧三要素之一是其必须要有助燃物质，如氧气、氯酸钾等氧化剂，且大多情况下助燃物质为氧气。不同物质燃烧时消耗的氧气量是不同的，根据物质在空气中燃烧时所需最低氧气量可以评价该物质的燃烧性能。

空气主要组分为氧气和氮气，采用氧气和氮气的混合气体对材料进行燃烧实验，可以评判该材料在空气中的燃烧性能。试样在氧气、氮气的混合气体中维持平稳燃烧（即进行有焰燃烧）所需的最低氧浓度称之为氧指数，以混合气流中氧气的体积百分比来表示。氧指数值越高，说明该材料越不容易燃烧。

氧指数的测试方法，就是把一定尺寸的试样垂直固定在透明燃烧室中，使氧氮混合气流自下而上流动，然后点燃试样的顶端，同时记录燃烧时间，观察试样的燃烧长度，并与所规定的判据（比如模塑材料一般以燃烧时间超过 3min 或火焰前沿超过 5cm）进行比对。若超过判据值，则降低氧气相对浓度，继续实验；若此时未达到判据值，则适当提高氧气的相对浓度。如此反复操作，从上下两侧逐渐接近规定值，至两者的浓度差小于 1%。

该法适用于评定均质固体材料、层压材料、泡沫塑料、织物、软片和薄膜材料在规定实验条件下的燃烧性能，可作为鉴定聚合物难燃性的手段，也可作为实验室研究阻燃配方的工具，但不能用于评定材料在实际使用条件下着火的危险性。

7.3.3 实验试样及仪器

7.3.3.1 实验试样

（1）试样类型、尺寸和用途：对于不同的材料，所选的样品尺寸可略有不同，具体见表7-1。

表 7-1　燃烧样品尺寸

类型	形式	长/mm		宽/mm		厚/mm		用　途
		基本尺寸	极限偏差	基本尺寸	极限偏差	基本尺寸	极限偏差	
自撑材料	I	80～150	—	10	±0.5	4	±0.25	用于模塑材料
	II					10	±0.5	用于泡沫材料
	III					<10.5	—	用于原厚的片材
	IV	70～150		6.5		3	±0.25	用于电器用模塑材料或片材
非自撑材料	V	140	−5	52		≤10.5	—	用于软片或薄膜等

（2）试样数量：每组试样至少15根。

（3）外观要求：试样表面应清洁，无影响燃烧行为的气泡、裂纹、溶胀、毛边、毛刺等缺陷。

（4）试样的标线：对Ⅰ、Ⅱ、Ⅲ型试样，标线画在距点燃端50mm处；对Ⅳ、Ⅴ形试样，标线画在框架上或画在距点燃端20mm和10mm处。

本实验所选样品尺寸符合表7-1中Ⅰ号样的要求。

7.3.3.2 实验仪器

（1）氧指数测定仪：适用于在规定实验条件下，通过测定刚好维持燃烧所需的最低氧的体积百分比浓度（即氧指数）来评定均质固体材料、层压材料、泡沫材料、软片和薄膜材料等在氧、氮混合气流中的燃烧性能。

（2）点火器：由一根金属管制成，尾端有内径为（2±1）mm的喷嘴，通以未混有空气的丙烷或丁烷、石油液化气、煤气、天然气等可燃气体。使用时，将点火器点燃后插入燃烧室内点燃试样。

（3）计时装置：秒表。

7.3.4 实验步骤

7.3.4.1 实验开始阶段氧浓度的确定

根据经验或试样在空气中点燃的情况，估计开始实验时所需的氧浓度。如在空气中即能迅速燃烧，则开始实验时的氧浓度可定为18%左右，若在空气中缓慢燃烧或不时熄灭，则氧浓度可定为22%左右，若样品在空气中一离开点火源即自行熄灭，则氧浓度可定为25%以上。

7.3.4.2 调整仪器和点燃试样

A 安装试样

如图7-2所示，先将试样在夹具上夹好，然后垂直安装在燃烧室的中心位置上。安装试样时，其顶端至少低于燃烧室顶端100mm，其暴露部分最低处至少高于燃烧室底部配气装置顶端100mm。

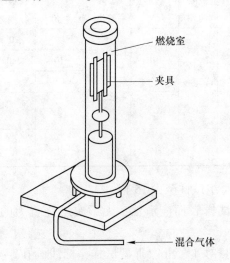

图 7-2 试样安装及燃烧室示意图

B 调节气体控制装置

调节 O_2、N_2 的控制阀，使两种气体压力保持一致，然后调节气体流量计控制装置，根据实验所确定的氧浓度分别调节两种气体的流量。调好后形成混合气体，将此混合气体洗涤燃烧室至少30s，以排尽燃烧室里原有的空气。

C 点燃试样

（1）方法 A 是顶端点燃法：使火焰的最低可见部分接触试样顶端并覆盖整个顶表面（勿使火焰碰到试样的棱边和倒表面），在确认试样顶端全部着火后立即移去点火器，开始计时或观察试样烧掉的长度。点燃试样时，火焰作用的时间最长为30s。若在30s内不能点燃，则应增大氧浓度继续点燃，直至30s内点燃为止。

（2）方法 B 是扩散点燃法：充分降低和移动点火器，使火焰可见部分施加于试样顶表面。同时施加于垂直侧表面约6mm长。点燃试样时，火焰作用时间最长为30s，并每隔5s左右移开点火器观察试样，直至垂直侧表面稳定燃烧或可见燃烧部分的前锋到达上标线处，立即移去点火器，开始计时或观察试样燃烧长度。若在30s内不能点燃试样，则增大氧浓度再次点燃，直至30s内点燃为止。

7.3.4.3 试样换装

当完成一个样品的燃烧实验后，关闭 O_2、N_2 的控制阀，然后揭开燃烧室顶端的盖子，待燃烧室自然冷却后取下燃烧室的石英外筒，并用抹布将其擦拭干净，同时清理燃烧室中散落的灰烬。然后，夹好下一个试样，重复前述实验步骤。

7.3.5 实验相关处理

7.3.5.1 燃烧行为的评价

塑料燃烧行为的评价准则见表7-2。

表 7-2 塑料燃烧评价准则

试样形式	点燃方式	评价准则（二者取一）	
		燃烧时间/s	燃烧长度
I ~ IV	A 法	180	燃烧前锋超过上标线
	B 法		燃烧前锋超过下标线
V	B 法		燃烧前锋超过下标线

7.3.5.2 "○"与"×"反应的确定

点燃试样后立即开始计时，并观察试样燃烧长度及燃烧行为。若燃烧中止，但在1s内又自发再燃，则继续观察和计时。

如果试样的燃烧时间或燃烧长度均不超过表7-2的规定，则这次实验记录为"○"反应，并记下燃烧长度或时间；如果二者之一超过表7-2的规定，扑灭火焰，记录这次实验为"×"反应。还要记下材料燃烧特性，例如熔滴、烟灰、结炭、漂游性燃烧、灼烧、余辉及其他需要记录的特性；如果有无焰燃烧，应根据需要报告无焰燃烧情况或包括无焰燃烧时的氧指数。

7.3.5.3 逐次选择氧浓度

采用"少量样品升-降法"这一特定的条件，以任意步长作为改变量，重复上述方法进行一组试样的实验。

（1）如果前一条试样的燃烧行为是"×"反应，则降低氧浓度。

（2）如果前一条试样的燃烧行为是"○"反应，则增大氧浓度。

7.3.5.4 氧指数的确定

采用任一合适的步长重复上述实验，直到以体积百分数表示的两次氧浓度之差不大于 1.0%，并且一次是"○"反应、一次是"×"反应为止。将这组氧浓度中得"○"反应的氧浓度记作该塑料的氧指数。

7.3.6 实验注意事项

（1）氧气、氮气的压力应保持一致。这是因为气体的体积和压力之间存在一定的关系，如果压力不一致，流量计所反映的流量比将不能代表两者之间真正的流量比。

（2）接通氧气和氮气前应确保钢瓶已被牢牢固定，气体减压阀工作正常，管线路无老化、漏气现象。

7.3.7 思考题

（1）如何根据氧指数的测定结果判断材料的阻燃性？

（2）实验过程中为何要确保氧气和氮气的压力一致？

（3）判断材料的阻燃性还有哪些方法？氧指数法存在什么样的局限性？

参 考 文 献

［1］陈洪荪. 金属材料物理性能检测读本［M］. 北京：冶金工业出版社，1991.

［2］云南大学材料学科实验教学教研室. 材料物理性能实验教程［M］. 北京：化学工业出版社，2018.

［3］张霞. 材料物理实验［M］. 上海：华东理工大学出版社，2014.

［4］马南钢. 材料物理性能综合实验［M］. 北京：机械工业出版社，2010.

［5］雷文. 材料物理实验教程［M］. 南京：东南大学出版社，2018.

［6］马元良，孟雷超. 材料物理性能实验［M］. 西宁：青海民族出版社，2018.